Verilog FPGA 数字系统设计自学丛书

四则运算小计算器设计过程实录

——Verilog FPGA 数字系统设计入门学习日记

赵　然　编著

夏宇闻　审定

北京航空航天大学出版社

内 容 简 介

本书以日记的形式记录了一个可实现四则运算计算器的设计过程，从而达到学习FPGA设计的目的。全书共10章，讲述了从设计开始到完成的全过程，其中包括数码管显示、键盘扫描、状态机等基础模块的设计，以及设计中需要注意的问题等，每一章的最后还有夏宇闻老师对本章内容的点评及给读者的学习建议。

希望读者按顺序阅读本书，同时进行实践操作，并与书中的进度保持一致，最终完成整个设计。读者也可以根据自己的想法来实现想要的功能，做到举一反三，以达到最好的学习效果。书中使用的硬件为至芯科技的四代开发板、Altera Cyclone IV的芯片，软件为Quartus II 13.0 sp1。

本书可作为电子工程类、自动控制类、计算机类的大学本科高年级学生及研究生设计实验参考用书，亦可供其他工程人员自学与参考。

图书在版编目(CIP)数据

四则运算小计算器设计过程实录：Verilog FPGA 数字系统设计入门学习日记 / 赵然编著. -- 北京 ：北京航空航天大学出版社，2015.9

ISBN 978-7-5124-1958-2

Ⅰ. ①四… Ⅱ. ①赵… Ⅲ. ①硬件描述语言-程序设计②现场可编程门阵列-系统设计 Ⅳ. ①TP312 ②TP332.1

中国版本图书馆 CIP 数据核字(2015)第 281303 号

四则运算小计算器设计过程实录——Verilog FPGA 数字系统设计入门学习日记

赵 然 编著

夏宇闻 审定

责任编辑 陈守平

*

北京航空航天大学出版社出版发行

北京市海淀区学院路37号(邮编100191) http://www.buaapress.com.cn

发行部电话：(010)82317024 传真：(010)82328026

读者信箱：emsbook@gmail.com 邮购电话：(010)82316936

北京泽宇印刷有限公司印装 各地书店经销

*

开本：710×1000 1/16 印张：11.5 字数：245千字

2016年1月第1版 2016年1月第1次印刷 印数：3000册

ISBN 978-7-5124-1958-2 定价：29.00元

序言

2014年3月，首都师范大学物理系硕士研究生赵然同学报名参加了由我执教的FPGA设计就业培训班。在培训班上，他仔细聆听老师的讲解，积极提问、思考，按照老师建议的进度要求，认真设计并验证每个小模块，并逐步把它们整合成可以在FPGA上运行的实际电路结构，终于在十天内用纯数字逻辑电路在培训班提供的小开发板上实现了一台能做4位整数加、减、乘、除运算的计算器。这台计算器的实现过程是他学习Verilog数字系统设计第一阶段的全过程。

在我的鼓励和帮助下，赵然花了半年时间把他的学习日记整理成一本值得一读的小册子。我读后认为本书对于想学习Verilog数字设计、有志进入FPGA和集成电路设计行业的年轻人定会有很大的帮助，所以郑重地推荐给每一位想掌握Verilog数字系统设计的同学。

以后我们还将继续整理其他同学的学习日记，把在培训班学习期间由学员们独立完成的其他小项目设计的全过程和分阶段代码陆续介绍给各位读者。这些小册子将按照完成的先后顺序出版，**希望它们能成为理工类学生自学Verilog数字设计、参加课程设计和毕业设计时的最好参考资料。**同学们只要购买一块开发板，利用暑假、寒假、课设或毕设时间段，按这些小册子中介绍的步骤，走一遍设计的全过程，认真思考作者提出的每个问题，通过自己动脑又动手，来解决这些问题，就能真正掌握这门技术。这一过程对想进入高技术数字系统设计行业的同学是十分必要的。

赵然同学在本书中用日记的形式详细记录了每天的学习过程。在日记中，他用生动的文字记录了老师布置的设计要求、进度和讲解、学习中遇到的困惑、解决问题的方法和过程、模块代码的演化过程以及每天的喜怒哀乐，真实地反映了一位聪明、勤奋、好学的年轻人在学习复杂数字系统的艰难过程中的思想历程。本书不但是一本数字系统设计入门书籍，也是年轻人励志的优秀书籍。

在我看来，赵然的FPGA设计学习日记充分体现了“实践是最好的老师”的真理。学习Verilog数字设计没有捷径可走，在掌握了基本方法后，唯有不怕困难勇于攀登，才能逐步达到别人不敢逾越的高峰。

我们贫穷多难的祖国经过三十多年的改革开放，国民经济已有了很大的发展，但高科技产业仍非常落后，特别在集成电路工业和尖端国防工业方面更是如此。阻挡我国进入世界技术强国的主要障碍之一就是数字系统设计技术的落后。望有志改变我国技术落后面貌的年轻人通过阅读这本小册子，刻苦努力自学，加入日益壮大的数字系统设计师队伍，为振兴祖国的高技术产业贡献一份力量。

本书语言通俗易懂，从实用的角度详细介绍了设计过程的每个细节。最难能可贵的是作者的分享精神，通过简单明了的描述，我能体会到作者想与读者交流、分享的真诚愿望。相信各位读者通过认真阅读本书，认真上机操作，FPGA 设计能力会更上一层楼。

当然，任何人都不可能只读一本小册子就完全掌握利用 Verilog HDL 的 FPGA 设计，但是我可以肯定地说，即将逐步推出的《Verilog FPGA 数字系统设计自学丛书》确实是每个想进一步学习 Verilog 数字设计，并希望进入数字设计行业的年轻人的最好选择。本书针对的读者群是已有 Verilog 基础知识的学生，以及想进入数字系统设计领域的年轻电子工程师们。相信本书和以后将陆续出版的系列丛书定会受到更多读者的喜爱。

夏宇闻
北京航空航天大学退休教授
2015 年 9 月 10 日

前言

我大学本科学的是测控专业，2012 年考取首都师范大学物理系研究生。我从未学习过数字电路设计，对 FPGA 和 Verilog 语言没有任何概念，更没有设计数字电路系统的基础和经验，也从未自己动手装配和完成过一台能实际运行的电子系统。但我从小就对电子设计有浓厚的兴趣。为什么小小的计算器按几下就能完成非常复杂的数学计算，一直困惑着我，激起我年轻的好奇心。大学四年里，虽然学习过“数字电路”和“模拟电路”课程，考试成绩也很不错，但对我而言，计算器是如何设计的，仍旧是一头雾水。

听同学们说，如果掌握了 FPGA 设计，这个谜就能找到答案。我用关键字“FPGA 培训”在百度搜索，发现一个公司正在开设 FPGA 就业培训(100 天)班，也知道这个班由北京航空航天大学的夏宇闻教授亲自讲授和管理。于是下定决心抽出 3 个月时间，认真学习一下 FPGA。经过 100 天的学习和练习，我初步掌握了如何用 FPGA 芯片设计和搭建复杂数字系统。现在我有充分的信心，只要设计需求明确，我完全有能力独立设计并完成一个较复杂的数字系统，并能可靠地完成预先设定的数据处理任务。这个阶段的学习给了我很多启发，也增强了我的信心，很想把自己的感受和学习心得编写成小册子与大家分享。我的想法得到夏宇闻教授的支持。于是我把学习期间的心路历程和学到的知识、经验略加整理，以日记的形式写出来，与大家分享，希望能给打算学习 Verilog 和 FPGA 设计的初学者一些帮助和启发，起到抛砖引玉的作用。

本书内容及阅读建议

全书共 10 章，每一章记录的都是一个模块的设计或者改进过程，包括数码管显示、键盘扫描、状态机等简单的模块。全书是按照整个设计流程的顺序编排的，各个章节的内容及工作量大致相同，所以读者也最好顺序阅读此书，在完成上一章内容的基础上进行下一章节的工作，跟随书中的进度循序渐进，边做边学，最终完成整个设计，从中获取知识。

读者对象

希望通过实践来学习 FPGA 设计的初学者。

高等院校通信工程、电子工程、计算机、微电子与半导体等专业的老师和学生。

致老师和学生

实践是检验真理的唯一标准。本书完整地记录了一次 FPGA 的小实验，该实验工作量小，内容基础，适合作为高等院校电子设计的实验教材。

学生通过自学此书，可完成书上的实验。相信期间会不断地遇到问题，但在解决问题的过程中一定会积累很多的设计经验，同时对 FPGA 设计的基本知识和设计流程会有更深的理解。

致谢

这本书的完成并不是我一个人的劳动成果，夏宇闻老师从始至终给予我莫大的帮助。夏老师已年过七旬，仍心系国内电子设计技术的发展并倾情培养下一代优秀人才，花费大量时间和精力在这本书上，不断地帮忙校对和修改本书，同时在每章的最后给 FPGA 的初学者提出了宝贵的学习建议，特在此向默默奉献和付出的夏宇闻老师表示深深的敬意和感谢！

同时还要感谢我读研究生时的导师张存林教授以及赵源萌老师对我这次培训学习的大力支持，感谢实验室的邓朝、段国腾、辛涛、梁美彦、张镜水、刘婧、李晨毓、武阿妮、张磊巍、韩雪、寇宽、王洪昌等人不遗余力地给予我大量帮助，感谢 201404 期 FPGA 就业培训班的老师和同学们的相伴，当然也要感谢父母对我这个小作者的肯定。感谢北京航空航天大学的编辑们对本书的付出。感谢所有帮助过我的朋友们。

由于时间和学识原因，书中错误在所难免，不当之处，恳请读者指正，我的邮箱为 zhaoran90@gmail.com，读者也可发送邮件至 goodtextbook@126.com，与本书策划编辑交流与本书相关的所有问题。

赵　然

2015.8.20

本书共享程序源代码，有需要的读者请到北京航空航天大学出版社网站的“下载专区”免费下载，也可发邮件至 goodtextbook@126.com 申请索取。

目 录

第 1 章

第一天——数码管显示模块的设计

1.1 设计需求讲解

今天是我参加 FPGA 设计培训班的第 2 周。

上周夏宇闻老师把 Verilog 语言的基本概念、FPGA 工作原理和 FPGA 开发工具做了全面的介绍。通过几天的听讲和上机练习，我已初步掌握了用 ModelSim 进行简单模块仿真和综合的步骤和要点，也初步理解了可综合模块和专门用于仿真的测试模块有什么不同，当然我的语法知识还十分贫乏，电路结构的概念也十分模糊。因此心里不免有些担心，我能开始独立设计吗？怀着忐忑不安的心情，我走进了教室。

今天在课堂上，夏老师要求我们用十天时间完成一个能进行三位数加、减、乘、除四则运算的计算器，最后结果可以显示六位数字。他对设计目标和要求做了明确的说明，并介绍了几个相关的小模块，作为大家开始设计时的参考。他说先把功能做出来，再逐步提高性能，减小电路资源的消耗，让大家边设计边学习。

这些小模块容易理解吗？怎样才能把这些小模块加以改造，重新组装，最后做成一个能进行三位数的加、减、乘、除四则运算功能基本完善的小计算器？我心里实在没有把握。

今天上午夏老师的讲课非常重要，我一定要认真听讲，积极思考，多提问题，多上机练习，争取对设计过程和方法有完整彻底的理解。夏老师今天讲课的主要内容包括五个部分：

1）LED 数码显示部分；

2）4×4 键盘码扫描分析电路；

3）算术逻辑运算单元部分；

4）数制转换部分：BCD 码到二进制，二进制到 BCD 码；

5）运算操作过程的状态机。

他描述了这几个部分之间是如何联系的，讲解了最低设计要求和最高设计要求。他让我们每位同学各显其能，尽量达到最高标准。最后一天每位同学都必须要把自己完成的计算器样机演示给大家看，并允许别人操作，大家民主评比，看哪位同学设

计的样机性价比最高。

今天老师在课堂上演示了几个程序段，但并没有详细讲解。详细讲解的只有LED数码显示部分，要求大家在今天完成的也只有数码显示部分。其余部分将在随后几天详细讲述。

1.2 七段式数码管显示原理讲解

下面是我对夏老师LED数码显示讲课要点的总结。

七段式数码管就是使用七段点亮的线段来拼成常见的数字和某些字母，这种显示方式在数字电路中非常容易见到。再加上右下角显示的小数点，实际上一个显示单元包括了8根信号线。根据电路设计的不同，这些信号线可能高电平有效也可能低电平有效。我们通过控制这些线段为0或者1，即高或低电平即可达到显示效果。

单个数码管的结构图如图1-1所示。图中共有8个显示段(7个数字显示段，1个小数点显示段)，每个显示段由一个独立的发光二极管(LED)组成，通过8位数据线(sig[7:0])控制8个LED的亮和灭，由此显示出设计者想要显示的字符和小数点。本实验中采用的是至芯开发板，它采用共阳极数码管，因此若显示某段LED的另外一端为高电平(1)，则该段LED熄灭；若为低电平(0)，则该段LED点亮。例如，若想要显示数字“1”，则由图中可以看出1是由B和C两发光段组成的，所以只要向显示B、C段的两个LED的另外一端输出0，向显示其余各段的LED的另外一端输出1，即11111001(由高至低)，便可显示数字1。由此可知，0～F的显示码依次是：

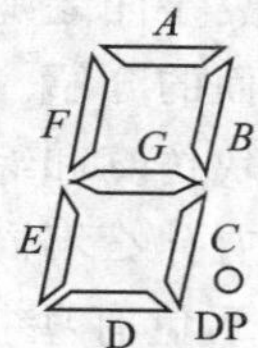

图1-1 数码管结构图

0：8'b11000000；　1：8'b11111001；　2：8'b10100100；　3：8'b10110000；
4：8'b10011001；　5：8'b10010010；　6：8'b10000010；　7：8'b11111000；
8：8'b10000000；　9：8'b10010000；　A：8'b10001000；　B：8'b10000011；
C：8'b11000110；　D：8'b10100001；　E：8'b10000110；　F：8'b10001110；

上述显示码中的8表示8位数，'b表示二进制。对于有多个数码管的显示模块，将每一个模块都连接到FPGA的引脚会耗用大量的引脚资源。在实际电路中，每个数码管中的8个LED管的正极被连接在一起，通过一个通/断可控的三极管再连接到电源的阳极，控制该三极管的通/断并配合8位数据线(sig[7:0])的输入，就可依次点亮6个数码管中的某一个。这种方法就是广泛应用于数码显示的扫描点亮的方式。换言之，在点亮某一个数码管期间，在8位数据线(sig[7:0])上输入该管应该显示的电平，即依次点亮6个数码管中的某一个，显示该数码管应该显示的数字。当扫描的频率足够高时，由于数码管的余晖以及人眼的视觉延迟会觉得数码管是全部点亮的。通常建议使用60 Hz左右(即每个数码管导通约16 ms)的扫描频率即可达到多位数码管同时点亮（只是人眼看上去是同时点亮，如果用照相机拍照即可发现并不是同时点亮）的效果。

由于是用作简易计算器显示，本计算器的功能不涉及浮点数据，因此忽略小数点显示段。本开发板使用的是共阳极数码管，其原理如图 1－2 所示，位选通过 PNP 三极管接电源，因此数码管为低电平选通，显示段为低电平点亮。

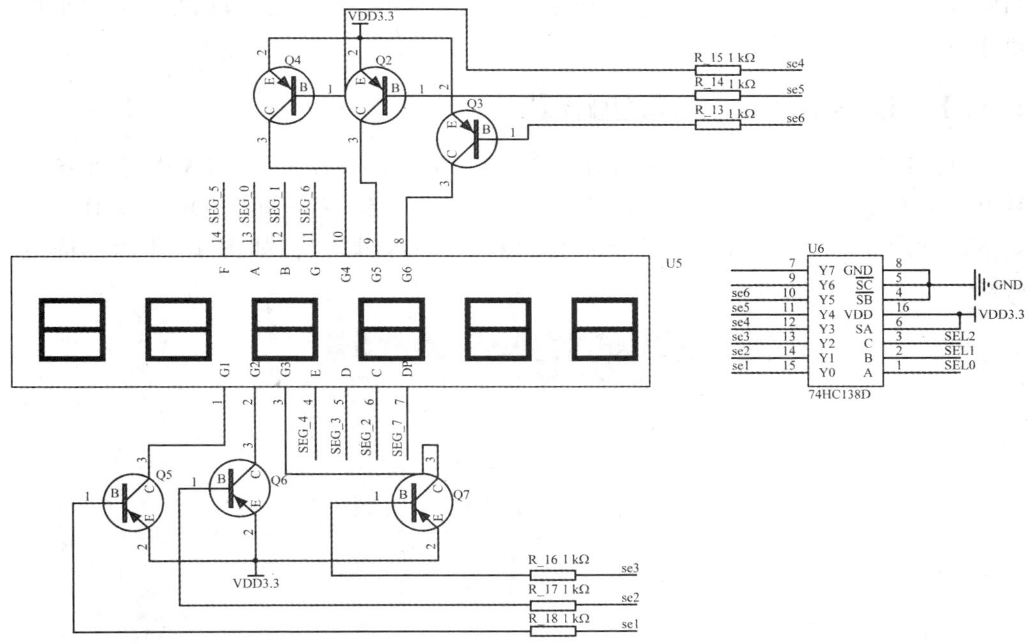

图 1－2　数码管显示模块原理图

由原理图可以看出，数码管的输入，也就是 FPGA 控制数码管的连线有段选 SEG－0～SEG－7，位选 SEL0～SEL2，共 11 根线。没有接触过数码管扫描显示的同学注意了，**要有段选和位选的概念。**“段”是指刚刚所说的 A、B、C、D、E、F、G、DP 这 8 根信号线，通过“段选”来控制数码管显示的是什么字；“位”是指这 6 个数码管其中的一个，注意这里是“个”而不是“段”，通过“位选”来控制这 6 个数码管哪一个会亮。也就是说，板子上有 6 个数码管，每个数码管有 8 段，段选控制数码管显示的是哪个数字，而位选则控制这个数字会出现在哪个位置，即个位、十位、百位、千位……本来位选也应该是由 6 根线来控制 6 个数码管的，但是考虑到这些数码管不会同时点亮，所以采用一个 3－8 译码器将 6 根线减少到 3 根，节约了 FPGA 的引脚资源。

那么数码管显示模块的输出就确定下来了，3 根选择线（SEL[2：0]）和 8 根字段线（SEG[7:0]）。接下来就可以开始写代码了。首先暂不考虑输入的问题，先让该模块输出一个固定的数字，比如输出 8 个 1，就是让 SEG 为 11111001，SEL 的取值从 000 到 101，正好对应上 6 个数码管，所以让 SEL 随时钟变化而增加，就会出现

6个数码管上都显示1。

1.3 设计工具使用讲解

想要完成设计，计算机上必须安装 Quartus II 和 ModelSim 两个工具。前者是 FPGA 综合分析工具；后者是验证设计的 Verilog 模块功能是否正确，是否与其他模块能正常交流数据的仿真工具。

1.3.1 Quartus II 工具的配置

单击计算机桌面上的 Quartus II 图标，启动 Quartus II 工具，稍等片刻，系统会弹出一个 Introduction 页面。单击页面下方的 next 按钮，系统弹出 Quartus II 的主菜单，单击 File→New Project Wizard(见图 1-3)，随即弹出如图 1-4 所示的对话框。

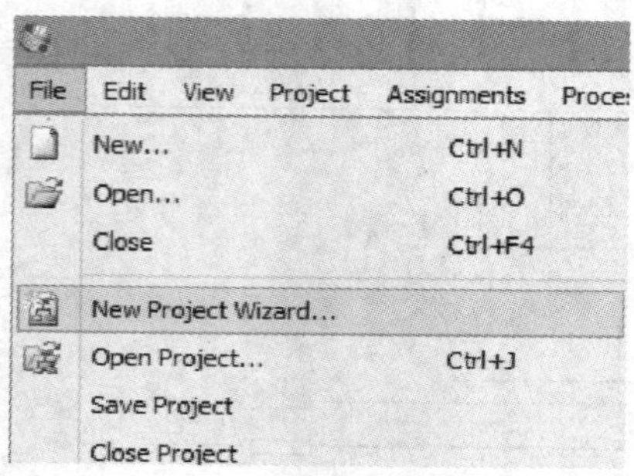

图 1-3　文件下拉菜单

在开始设计之前，Quartus II 工具自动弹出要求设计者回答：工程的名称、放置的目录路径、设计的模块名、所用器件型号、所用仿真工具类型、所用语言等重要设置。如图 1-4 所示的对话框中需要填写工程所在目录、工程名以及模块名。

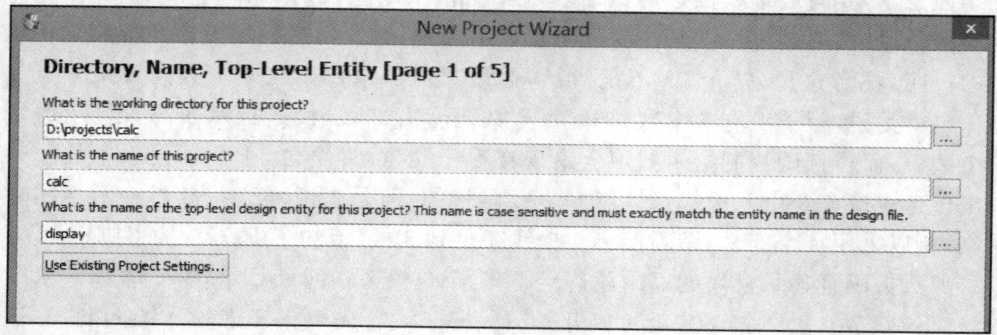

图 1-4　新工程向导 1

夏老师在讲解中特别提到：**所有的设计文件必须放置在自己觉得取用方便的硬**

盘目录中，任何设计目录都不能用中文命名。 在这里我们把工程定义为计算器，取名 calc，填入第 2 行空格；模块为数码管显示模块，取名为 display，填入第 3 行空格（见图 1-4），写好之后单击对话框下面的 Next 按钮。

弹出的第 2 个对话框是要添加已经写好的代码文件。因为要从头开始写，所以这一页可以不予处理，直接按 Next 按钮。

弹出的第 3 个对话框是设置 FPGA 器件页。找到与开发板上对应的器件型号 EP4CE10F17C8（见图 1-5），选好之后单击对话框下面的 Next 按钮。

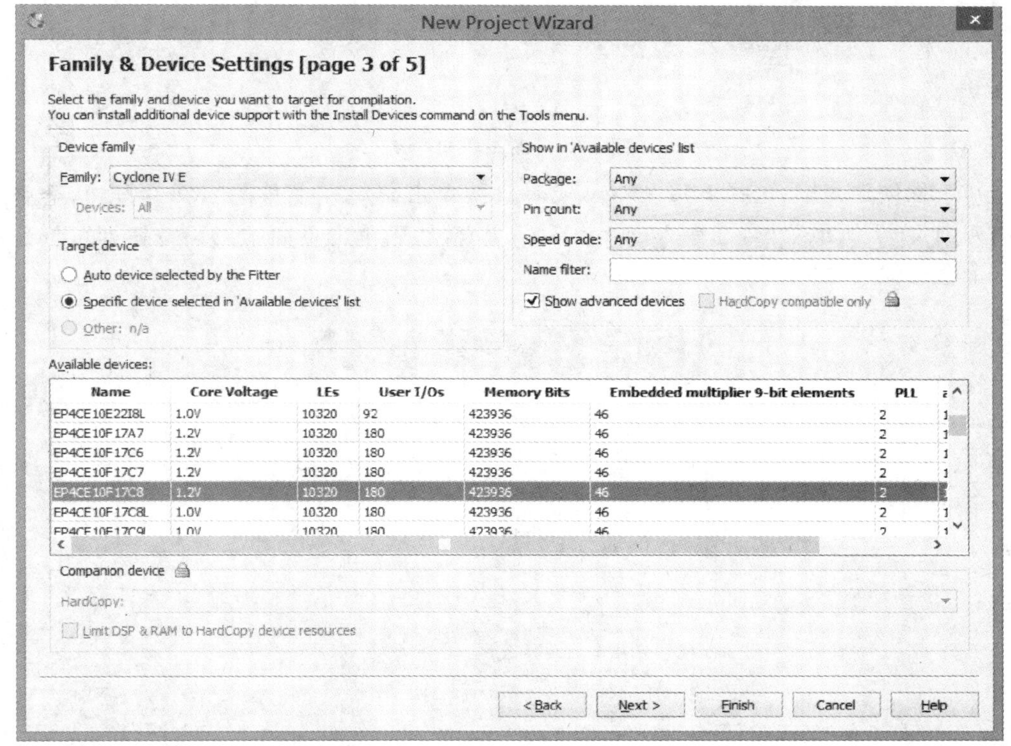

图 1-5　新工程向导 3

随即弹出的第 4 个对话框（见图 1-6）是配置 EDA 工具的界面。这里只需把对话框中 Simulation 工具栏的空格设置一下即可。选择 Tool Name（工具名称）为 ModelSim-Altera 或者 ModelSim，选择 Format(s)（语言格式）为 Verilog HDL，如图配置好后，单击对话框下面的 Next 按钮。

注意： 选择哪种类型的仿真工具与用户所安装的 Quartus II 版本有密切的关系。该类型的仿真工具和语言必须得到 Quartus II 版本的支持。

随即弹出的第 5 个对话框是对之前所选的项做一个总结，请用户核对一下信息，看是否跟之前设置的一致，若正确无误，单击下面的 Finish 按钮即可。

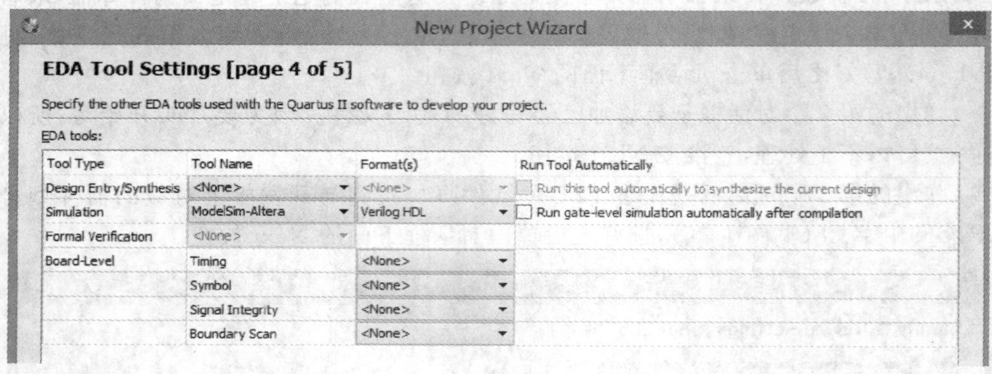

图 1-6　新工程向导 4

工程创建完毕，选择 File→New 或者直接单击菜单左上角的新文件按钮，会弹出如图 1-7 所示菜单，选择 Verilog HDL File，然后单击下面的 OK 按钮即可创建一个新的代码文件。

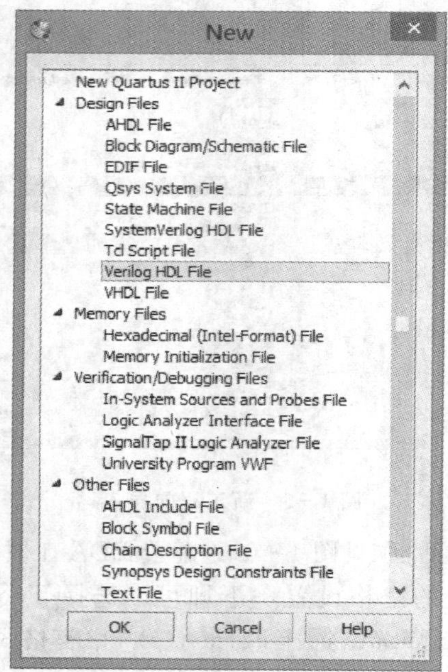

图 1-7　新建文件

1.3.2　数码管显示模块的可综合代码

至此，编写模块代码的准备工作已完成，可以开始编写代码了。以下是数码管显示模块的可综合代码。

```
module display0(clk, rst_n , sel, seg);  //定义模块名为display0,定义输入输出端口
//两个输入,一个时钟clk,一个复位rst_n(信号名后缀_n表示该信号低电平有效)
    input clk;
    input rst_n;
//两个输出,位选sel和段选seg
    output reg [2:0] sel;
    output reg [7:0] seg;
//数码管扫描需要一个慢时钟clk_slow,而产生慢时钟则需要一个计数器cnt
    reg [15:0] cnt;      //定义一个计数器cnt,位宽大一些没关系,要保证够用
    reg clk_slow;
//这个always块用来产生慢时钟clk_slow
    always @ (posedge clk)
    begin
        if(! rst_n)
        begin
            seg <= 8'b11111001;    //复位时输出数字1所对应的seg
            cnt <= 0;
            clk_slow <= 1; //复位时clk_slow静止不动
        end
        else
        begin
            cnt <= cnt + 1; //复位结束后cnt开始计数
            clk_slow <= cnt[12]; //扫描没有必要非得是60 Hz整,大于60 Hz即可
        end
    end
//这个always块用于扫描数码管,也就是sel循环地变化
//时钟每一次上升沿sel变化一次,所以在括号里写上时钟上升沿作为触发条件
    always @ (posedge clk_slow or negedge rst_n)
    begin
        if(! rst_n)
        begin
            sel <= 0;    //复位时sel静止
        end
        else
```

```
        begin
            sel <= sel + 1;      //复位后 sel 开始扫描
            if(sel >= 5)
                sel <= 0;    //因为只有 6 个数码管,所以让 sel 在 0~5 之间循环
        end
    end
endmodule
```

写完之后将文件命名为 display0. v,按 ctrl+s 键保存。**注意,文件名必须与模块名相同,并将该模块设置为顶层模块(在文件名上单击鼠标右键,选择 Set as Top-Level Entity,如图 1-8所示)。**

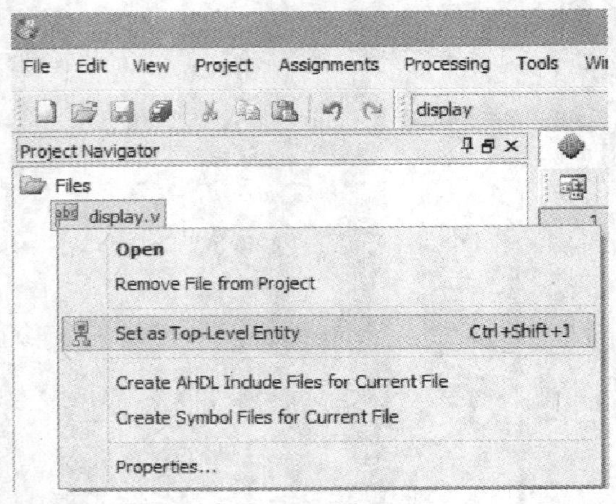

图 1-8　设置顶层模块

设置好后,按 Ctrl+K 键分析综合,让编译器检查代码的语法错误。没有了错误之后,还要为该代码写测试(testbench)代码。

1.3.3　显示模块的测试

下面简单介绍一下测试模块文件 testbench。当你编写完一个模块的代码并且成功将其综合成电路后,如何知道你编写的代码是否就综合成了你想要的电路了呢?硬件语言不像 C 语言那样按顺序执行代码,逐句调试成功即可得到最终结果,而是由编译器分析之后转变成一些由逻辑组成的电路。编译器很聪明,它通过我们写的代码就能得到相应的电路;但是写代码的我却很傻,傻到不能准确地写出我们想要的结果的代码,导致代码编译之后下载到开发板里,什么反应都没有,或者奇怪的错误

一大堆。当然，一些简单的代码可以通过一些输出（LED灯、数码管等）观察到逻辑的错误，但是当逻辑比较复杂、时序快、信号量多的时候，这种测试方法显然就不给力了。而通过调用 ModelSim 进行仿真，可以看出模块中每个信号的变化过程，这样就可以监测这些信号是否正确变化，达到查错的目的。有时候，因为一个信号的错误，就会导致结果大不一样，所以如果你不喜欢写 testbench 测试代码，你就有可能离正确只差那么一点点却无法企及。

夏老师在课堂上曾多次提醒我们编写测试代码的重要性，他说磨刀不误砍柴工，养成良好的测试习惯非常重要。在编程实践中，我深刻体会到夏老师的话千真万确。按照他的建议多写测试代码进行仿真，使我的代码成功率大大提高，减少了盲目修改的时间，大大加快了工作的进度。通过了 RTL 仿真和布局布线后仿真的代码块，下载到开发板里出错的概率非常小，而没有经过仿真的代码，下载到开发板几乎总是不能运行，即使能运行也会存在各种奇怪的问题。

由于刚才这段代码的输入只有时钟 clk 和复位信号 rst_n，所以只需要定义这两个信号为 reg 型的变量，作为数码管显示代码的输入。和刚刚的方法一样，新建一个 Verilog 文件，并写测试代码 testbench 如下：

```
`timescale 1ns/1ns //设置延迟时间单位和时间精度，注意这句结束没有分号
module display_tb0; //测试模块没有输入输出端口，所以只需写模块名 display_tb0
//声明激励信号
    reg clk;
    reg rst_n;
//定义例化中的连线
    wire [2:0] sel;
    wire [7:0] seg;
//对被测试模块进行例化
    display0 u1(.clk(clk), .rst_n(rst_n), .sel(sel), .seg(seg));
    initial
    begin
        clk = 1; rst_n = 0; //给变量信号赋初始值，使复位信号有效
        #101 rst_n = 1; //经过一段时间(101ns)后将复位信号置为无效
        #10000000 $stop; //经过 10ms 之后停止仿真
    end
//生成 50MHz 的时钟(开发板上时钟为 50MHz)
    always #10 clk = ~clk;
endmodule
```

代码写好之后，按 Ctrl＋S，Ctrl＋K 组合键，让编译器检查一下有没有语法错误。通过了之后就可以进行 simulation 的设置了。在 Quartus II 主菜单顶层工具栏上，单击 Assignments→Settings，弹出设置页，左侧选择 EDA Tool Settings 里的 Simulation 选项，右侧选择 Compile test bench 并单击 Test Benches（见图 1－9）。

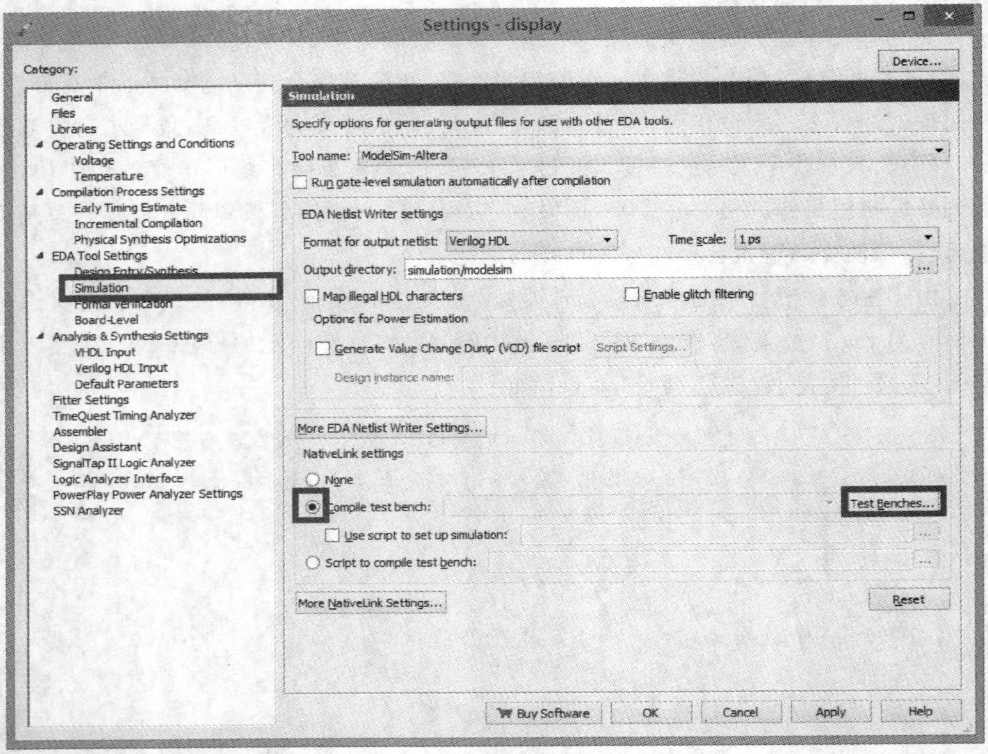

图 1－9　仿真设置

在弹出的页面中选择 new 来新建一个测试，前两行就写 testbench 的模块名 display_tb，然后在下面添加文件，找到刚刚写好的 testbench 和被测试文件，并添加进去，如图 1－10 所示。看到文件已经添加到下面的空白框里就可以单击 OK 按钮了。

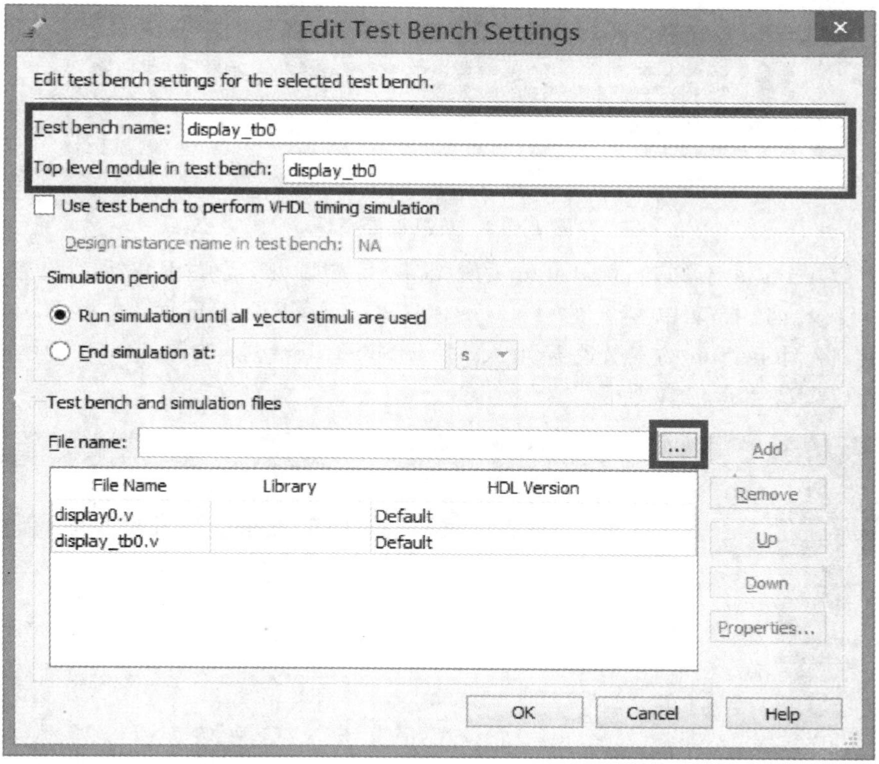

图 1-10　新建仿真设置

1.3.4　转到 ModelSim 仿真工具进行测试

在完成以上操作之后，按 OK 按钮就回到了 Settings 页面，然后再按 OK 按钮，就进入仿真阶段了。在 Quartus II 主菜单顶层工具栏上找到 Tool 项，单击 Tools→Run Simulation Tool→RTL Simulation（见图 1-11），然后等待 ModelSim 主菜单出现。

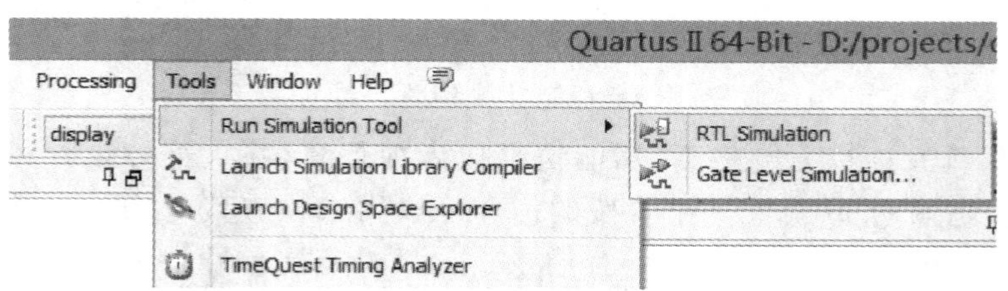

图 1-11　进行 RTL 仿真

如果运行之后出现如图 1-12 所示的错误：

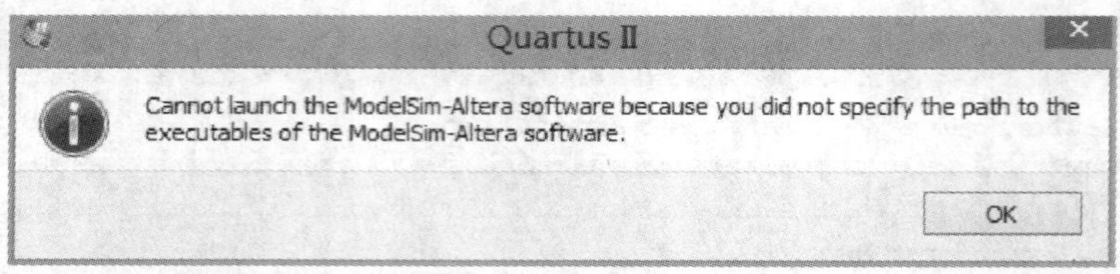

图 1-12　仿真设置错误

则表示 Quartus 并不知道 ModelSim 的安装路径在哪儿，需要用户手动设置 EDA 工具的目录。选择菜单栏上的 Tools→ Options，打开设置页面，选择 EDATools Options，将 ModelSim 的安装路径填入 ModelSim-Altera 里，如图 1-13 所示，单击 OK 按钮，再次运行仿真即可。

图 1-13　设置 EDA 工具

RTL 仿真又称行为级仿真、功能仿真或者前仿真，在大部分设计中执行的第一个仿真就是 RTL 仿真。这个阶段的仿真可以用来检查代码中的语法错误以及代码行为的正确性，其中不包括延时信息。如果没有实例化一些与器件相关的特殊底层元件的话，这个阶段的仿真也可以做到与器件无关。通常可以用前仿真来验证用户写的代码是否正确，是否能实现用户想要的功能。而第二个选项 Gate Level Simulation 称为门级仿真或者布局布线后时序仿真，在该仿真中加入了器件的延迟信息，更接近于真实使用情况，所以在前仿真通过之后通常需要运行布局布线后仿真，来验证编写的程序在真实情况下是否还能实现时序要求的功能。现在先做前仿真来验证功能。

待 ModelSim 仿真完成后，波形就出现了。在波形窗口上单击右键或者利用工具栏上的放大镜按钮（见图 1－14）可以调整波形显示的范围，这和示波器差不多。

从波形图（见图 1－15）上可以看出 sel 的数值一直在发生变化，而 seg 的数值一直不变，对应到开发板上就意味着每个数码管都会显示同一个数字。但由于 sel 变化得太快（大约 2～3 ms 变一次），人眼无法分辨，就会看到所有数码管同时显示同一个数字。

图 1－14　波形显示工具

图 1－15　波形结果

看样子没什么问题，那么也就是说功能正常，可以准备下载程序到开发板里了。

1.3.5　下载程序到开发板进行调试

下载程序到开发板（也简称“下板”）之前要做的准备：

1）分配引脚。单击 Quartus II 主菜单顶层工具栏 Assignments → Pin Planner（见图 1－16）进入引脚分配界面。

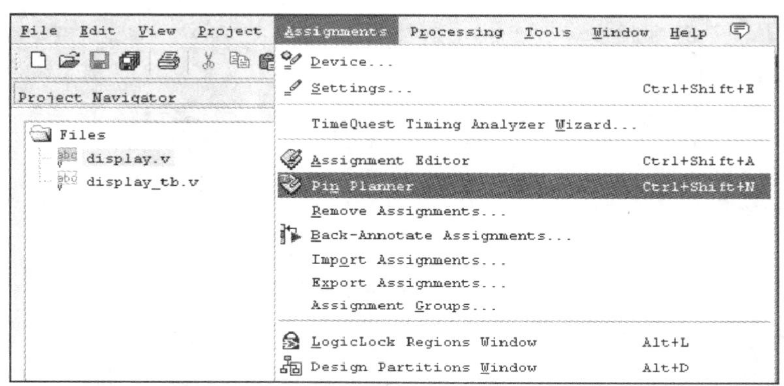

图 1－16　引脚分配工具栏

2）按照原理图提供的引脚分配索引进行分配。双击 Location 下面的空白处，逐个输入引脚位置，如图 1－17 所示。

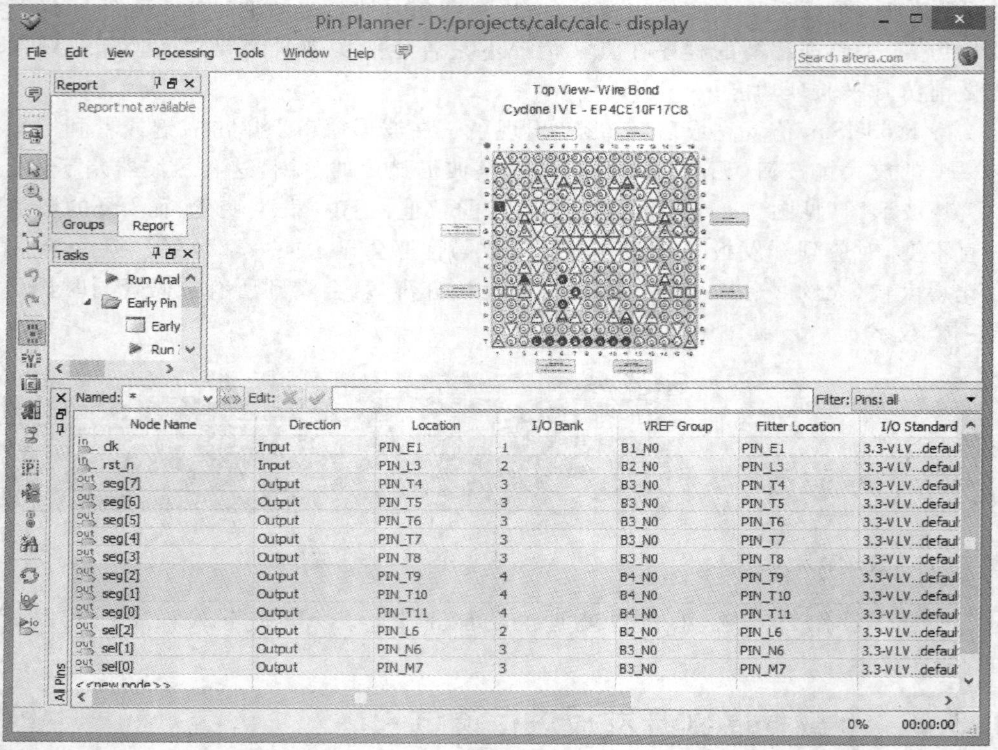

Pin Planner - D:/projects/calc/calc - display
File Edit View Processing Tools Window Help
Search altera.com
Report
Report not available
Groups Report
Tasks
Run Anal
Early Pin
Early
Run
Top View- Wire Bond
Cyclone IV E - EP4CE10F17C8
Named: *
Edit:
Filter: Pins: all
Node Name Direction Location I/O Bank VREF Group Fitter Location I/O Standard
clk Input PIN_E1 1 B1_N0 PIN_E1 3.3-V LV...defaul
rst_n Input PIN_L3 2 B2_N0 PIN_L3 3.3-V LV...defaul
seg[7] Output PIN_T4 3 B3_N0 PIN_T4 3.3-V LV...defaul
seg[6] Output PIN_T5 3 B3_N0 PIN_T5 3.3-V LV...defaul
seg[5] Output PIN_T6 3 B3_N0 PIN_T6 3.3-V LV...defaul
seg[4] Output PIN_T7 3 B3_N0 PIN_T7 3.3-V LV...defaul
seg[3] Output PIN_T8 3 B3_N0 PIN_T8 3.3-V LV...defaul
seg[2] Output PIN_T9 4 B4_N0 PIN_T9 3.3-V LV...defaul
seg[1] Output PIN_T10 4 B4_N0 PIN_T10 3.3-V LV...defaul
seg[0] Output PIN_T11 4 B4_N0 PIN_T11 3.3-V LV...defaul
sel[2] Output PIN_L6 2 B2_N0 PIN_L6 3.3-V LV...defaul
sel[1] Output PIN_N6 3 B3_N0 PIN_N6 3.3-V LV...defaul
sel[0] Output PIN_M7 3 B3_N0 PIN_M7 3.3-V LV...defaul
All Pins
0% 00:00:00

图 1－17　引脚分配界面

3）编译。按 Ctrl＋L 组合键或者单击工具栏上三角形 Start Compilation 实现编译功能。

4）仿真。单击选择 Tools→Run Simulation Tool→Gate Level Simulation，系统弹出如图 1－18所示的仿真窗口。

EDA Gate Level Simulation
Timing model: "Slow -6 1.2V 85 Model"
Run

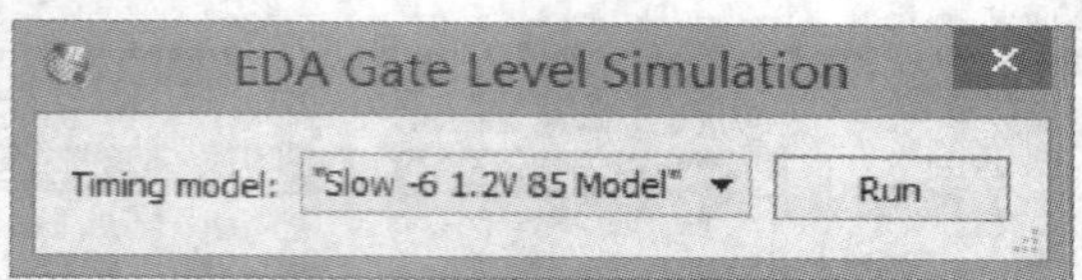

图 1－18　进行门级仿真

默认的 Timing model 是慢模型，也就是由 RTL 代码生成的电路在最坏条件下的运行模型，该模型能反映器件中出现的最大延迟。如果该模型通过了测试，那么其他模型在一般情况下应该不会有问题，所以通常需要对这个模型进行仿真。单击 Run 按钮即可运行慢模型的后仿真。如果波形和刚才的一样，并没有出现红色的警告提示，就表示后仿真顺利通过。

5）打开 Programmer，在 Hardware Setup 里选择 USB－Blaster（见图 1－19），如

果没有自动匹配 sof 文件就选择添加文件 Add File，找到刚刚编译生成的 sof 文件 display. sof。

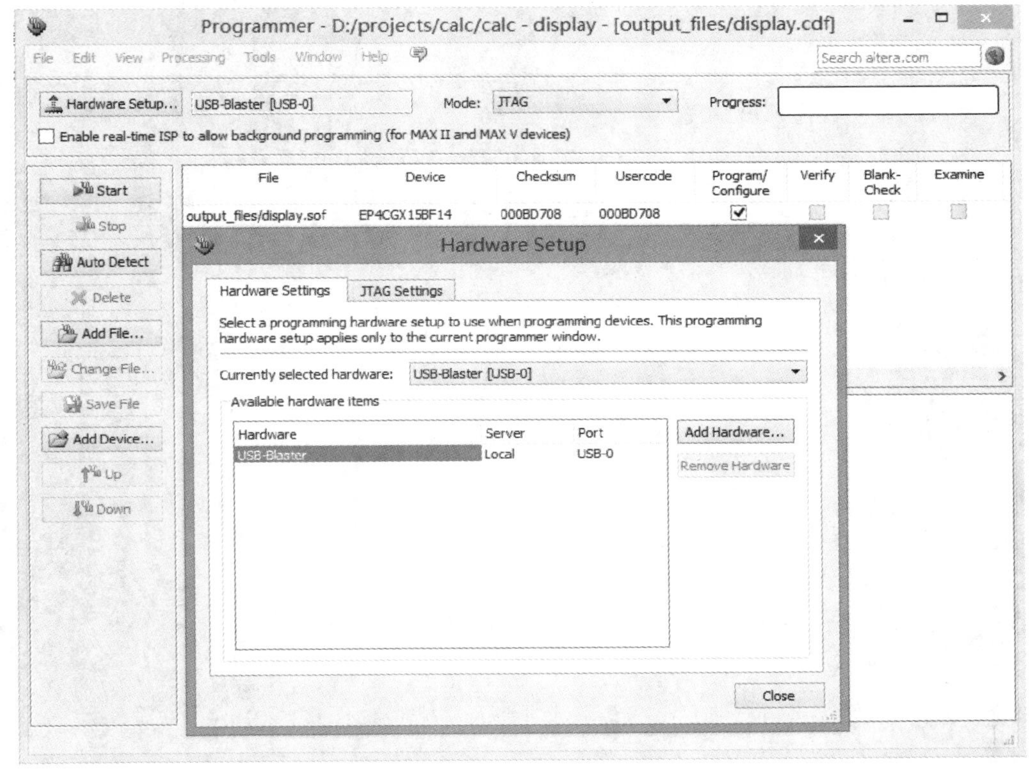

图 1-19　编程器设置

准备好之后，就可以单击 Start 按钮了。每次要下载到开发板时单击 Start 的瞬间心情都很复杂，因为接下来有可能面临着几种情况：第一种是在开发板上看到了希望的结果，给人一种付出后得到回报的喜悦感，觉得人生充满了正能量；第二种……不说了。遇到了除第一种以外的情况，先不要着急，静下心来再检查一遍流程，尤其是分配引脚这个步骤。不要觉得这项工作很简单，是不需要动脑筋的地方，我不会犯错。我遇到很多同学，他们都因为分配引脚出错，出不了结果。如果成功的话，会看到数码管显示 6 个 1。那么接下来就让 6 个数码管分别显示不同的数字吧，从左到右依次显示 123456。这样就得考虑 sel 和 seg 之间的配合问题了，也就是说当 sel 选到了左边第 1 个数码管的时候，seg 输出就要对应数字 1 所代表的编码；sel 选到第 2 个数码管，seg 就输出 2 对应的编码……以此类推，一直到第 6 个数码管。所以通过判断 sel 来输出 seg，这里用 case 语句最合适不过了。把这段 case 条件语句加入刚刚的代码里，就变成以下代码：

```
module display1 (clk, rst_n , sel, seg);
//改动 1:为体现模块进行过修改,模块名字不要完全相同,用后缀加以区别
//两个输入,一个时钟 clk,一个复位 rst_n(信号名后缀_n 表示该信号低电平有效)
    input clk;
    input rst_n;
//两个输出,位选 sel 和段选 seg
    output reg [2:0] sel;
    output reg [7:0] seg;
//数码管扫描需要一个慢时钟 clk_slow,而产生慢时钟则需要一个计数器 cnt
    reg [16:0] cnt;
    reg clk_slow;
//这个 always 段用来产生慢时钟 clk_slow
    always @ (posedge clk)
    begin
        if(! rst_n)
        begin
//改动 2:此处删除了固定显示 1 的代码
            cnt <= 0;
            clk_slow <= 1; //复位时 clk_slow 静止不动
        end
        else
        begin
            cnt <= cnt + 1; //复位结束后 cnt 开始计数
            clk_slow <= cnt[12];  //扫描没有必要非得是 60Hz 整,大于 60Hz 即可
        end
    end
//下面这个 always 段用于扫描数码管,也就是 sel 循环地变化
//时钟每一次上升沿 sel 变化一次,所以在括号里写上时钟上升沿作为触发条件
    always @ (posedge clk_slow or negedge rst_n)
    begin
        if(! rst_n)
        begin
            sel <= 0;     //复位时 sel 静止
        end
        else
        begin
            sel <= sel + 1; //复位后 sel 开始扫描
```

```
            if(sel >= 5)
                sel <= 0;     //因为只有 6 个数码管,所以让 sel 在 0~5 之间循环
        end
    end
//改动 3:下面这段代码是新添加的,由于 seg 是随着 sel 变化而跟时钟无关,所以括号中不
//需要写时钟沿
    always @ ( * )
    begin
        if(! rst_n)
            seg <= 8'b11111111;  //按下复位键时让数码管熄灭,共阳极数码管 0 亮
                                 //1 灭
        else
        begin
            case(sel)
            0: seg <= 8'b11111001;    //右起第 1 个数码管上显示 1
            1: seg <= 8'b10100100;    //右起第 2 个数码管上显示 2
            2: seg <= 8'b10110000;
            3: seg <= 8'b10011001;
            4: seg <= 8'b10010010;
            5: seg <= 8'b10000010;    //右起第 6 个数码管上显示 6
            default: seg <= 8'b11111111;
            endcase
        end
    end
endmodule
```

把以上修改后的显示模块代码另存为文件 display1,文件名必须与模块名相同;经分析综合,将该模块设置为顶层。然后看一下仿真波形,可以继续用刚才的 testbench 文件,但由于模块的名字进行过修改,所以在实例化时的名字也要对应进行修改,测试文件的代码改后如下:

```
`timescale 1ns/1ns
module display_tb1; //改动 1:为体现模块进行过修改,名字不要相同
    reg clk;
    reg rst_n;
    wire [2:0] sel;
    wire [7:0] seg;
//改动 2:对被测试模块进行例化,此处要修改实例化名为 display1
    display1 u1(.clk(clk), .rst_n(rst_n), .sel(sel), .seg(seg));
    initial
```

```
    begin
        clk = 1; rst_n = 0;
        #101 rst_n = 1;
        #10000000 $ stop;
    end
    always #10 clk = ~clk;
endmodule
```

由于测试的模块名进行过修改，同样要另存为同名文件，并且要在 testbench 设置下，重新添加新的仿真文件，如图 1-20 所示。

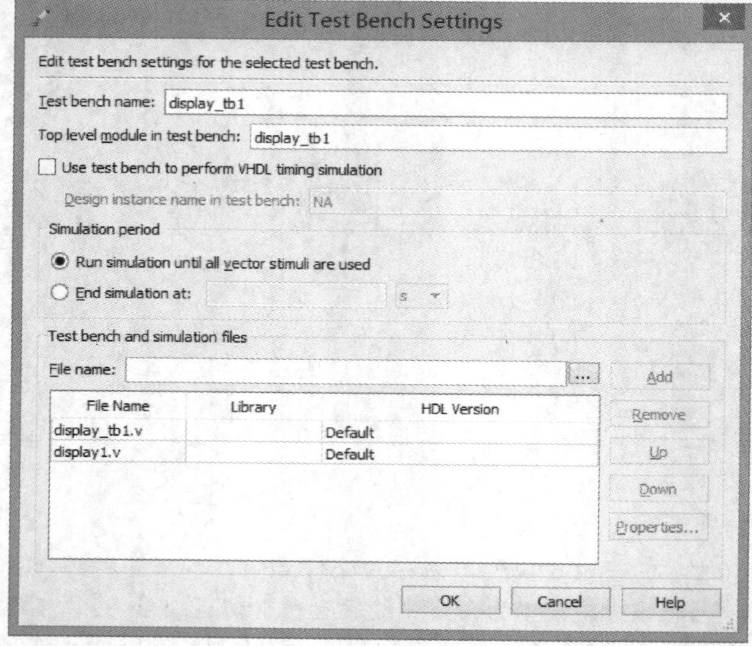

图 1-20 新建仿真设置

添加好后就有两个仿真文件了，注意选择刚刚添加的仿真文件，否则会运行之前的仿真文件，如图 1-21 所示。

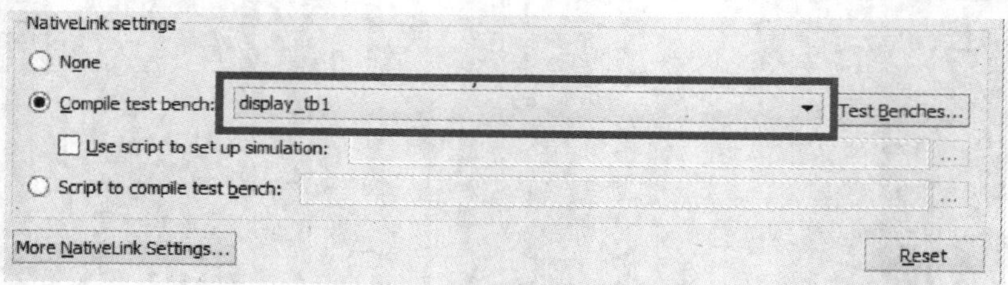

图 1-21 修改仿真设置

设置完毕后单击 RTL Simulation 按钮就可以了。从波形上可以看出 sel 不同时，seg 会对应发生变化；同时可以看一下 sel 为 0，也就是选通最左端数码管的时候，seg 是否输出 1 所对应的码值。波形无误时可以再一次将程序下载到开发板里观察结果。

1.4　今天工作总结

成功在数码管上显示 123456 之后，今天数码管的调试就可以先告一段落了。

今天所学的内容总结如下：

1）理解了 LED 数码管显示数字和符号的工作原理。

2）学会了利用 Quartus II 开发工具新建工程，编写可综合模块和测试模块的步骤和方法。

3）掌握了利用 Quartus II 开发工具将模块代码综合成逻辑网表，定义引脚的步骤和方法。

4）掌握了用布局布线工具生成可下载到开发板的 FPGA 构造码流的步骤和方法。

5）掌握了用 Quartus II 开发工具启动 ModelSim 仿真工具的步骤。

6）掌握了用 ModelSim 仿真工具对设计模块进行 RTL 级别和网表级别仿真的步骤。

在学习以上操作的过程中，我掌握了最基本的设计流程，对 Verilog 基本语法更加熟悉了。

对 Quartus II 和 ModelSim 工具不再感到畏惧和陌生。另外我还知道了每次改进后，都需要重新命名修改过的模块和文件，配套测试模块名和文件名也要做相应的改动，并存入对应的独立目录，用以表示不同的版本。千万不要怕麻烦，省略这一步骤，很容易造成模块配套混乱，浪费大量调试时间。另外，这样编写代码，可以明确地记录设计的进化过程，便于错误的追溯和修改。

明天将开始编写输入模块，也就是机械键盘模块。由于检查键盘输入是否正确的 LED 显示模块已经写好，这样调试输入模块就会方便许多，因为可以直接观察到输入的结果。

1.5　夏老师评述

在第一天显示模块的设计过程中，赵然同学深入理解了老师讲解的设计原理，对老师在课堂上提醒需要注意的操作细节，严格照办，认真执行，较迅速地完成了课堂设计任务。但他只用 Verilog 可综合的 RTL 模块和测试模块对电路模块的功能进行了全面的测试，在验证 RTL 代码功能基本正确后，就将直接综合产生的布局布线后网表加载到 FPGA 中进行电路行为的全面测试。这样做，对于 FPGA 设计当然是可以的。

但是作为老师，我建议初学者最好再做一次布局布线后仿真，在证明布线后电路功能仍旧正确后，再下载到开发板，进行实际电路的测试。这样做，从表面上看，似乎浪费不少时间，但其实因为通过布局布线后仿真，可以发现由于电路延迟引起的冒险竞争，以便迅速诊断出电路不稳定的原因，从而节省大量的查错调试时间，是非常值得的。

为了更好更快地完成布局布线后仿真，我建议把慢时钟的生成编写成一个独立的模块。在后仿真的测试模块中，把输入时钟的基本单位改为毫秒级，先证明电路级别的布线后仿真是完全正确的。再用布线后仿真证明用计数器产生的慢时钟波形也是正确的。然后把这两个模块的实例连接起来，成为一个模块，再综合成一个电路，那么该电路功能出错的概率就会变得非常非常小了。

注意这样做的目的，并非针对本设计，而是针对对时钟速度要求较高的一般电路。由于本设计对时钟速度要求极低，只要 RTL 仿真功能正确，布局布线引起的延迟几乎不可能对电路的功能产生任何破坏，所以不做布局布线后仿真，直接下载到开发板，也能顺利地通过实际电路的功能测试，这是很自然的现象。

第2章

第二天——键盘扫描模块的设计

2.1 设计需求讲解

今天要完成的工作是 4×4 键盘码扫描分析电路。在矩阵式键盘中，每条水平线和垂直线在交叉处不直接连通，而是通过按下某个按键加以连接。这样，8 根信号线就可以表示 4×4 即 16 个不同的按键码。如果用不同端口的电平状态(1 或者 0)来表示 16 个不同的按键码，则需要 16 个端口，比 4×4 键盘所需要的端口多出了一倍，而且需要分辨的按键码越多，按键解析模块所需要的端口数目差别越明显。比如 4×4 键盘，再多加一条线就可以表示 20 个不同键码值。若直接用端口线，再多加一条线，则 9 个端口的电平状态(1 或者 0)，只能区分 9 个不同的键码值，只增加了 1 个键码值。由此可见，在需要的键数较多时，采用矩阵键盘是非常合理的。但随之而来的是，矩阵键盘的识别电路会比较复杂一些。

夏老师在课堂上还说了，如果巧妙地利用按键，可以设计出上键盘和下键盘，即 16 个按钮中可以用按一次某个钮，再按一次该钮，来确定是上键盘还是恢复下键盘，从而可以处理 30 种不同的按键码。如果同时按下两个不同按钮，只要巧妙地设计相应按钮识别电路，就可以判别更多不同的输入码。数字设计的潜力十分巨大，关键是掌握先进的设计方法，即编写高质量的测试代码，模拟按钮的通断过程，用状态机记录按钮操作的顺序，通过观察仿真波形，逐步修正代码，设计出极其稳定的复杂按键码分析电路其实并不十分困难。

夏老师对这次设计要求不高，一般同学只要在理解老师给的样板程序的基础上，变换码字在键盘上的分布，参考样板程序，自己动手设计出最简单的 4×4 可以分辨 16 个码字的键盘码扫描分析电路即可。对于基础好、水平高的同学，希望他们用 4×4 键盘设计出能判别 30 种或者更多不同码字的键盘分析模块，分别用测试代码和开发板验证设计的正确性。

夏老师强调指出，他提供的代码仅供参考，如果完全照抄，肯定无法在开发板上运行，必须在深刻理解后，自己独立编写，经过严格的测试，才能实现最终的设计

目标。

2.2 七段式数码管显示原理讲解

下面是我对夏老师关于 4×4 键盘码扫描分析模块讲课要点的总结。

图 2-1 中绘出了一组 4×4 的 16 键矩阵键盘的电路原理。其中的 ROW0，ROW1，ROW2，ROW3，以及 COL0，COL1，COL2，COL3 信号分别连接到了 FPGA 上，使用这种方法只需 8 条信号线就能够表示出 16 个按键各自按下的状态，即 16 个按键只占用了 FPGA 的 8 个引脚。如果把 16 个按键的电平状态直接连接到 FPGA，则需要占用 16 个引脚。

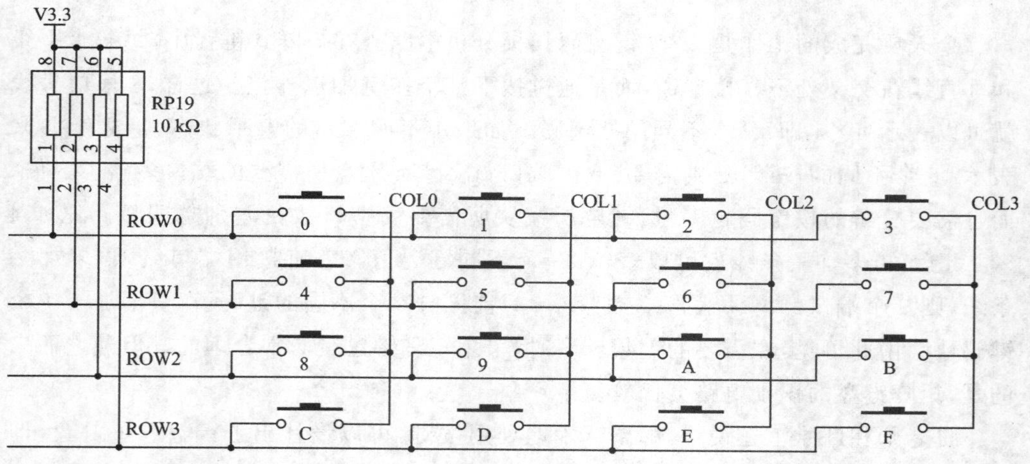

图 2-1 机械键盘原理图

这种行列矩阵采用了行扫描的方式来确定按钮操作的位置。该键盘共有 8 个端口与FPGA 连接。其中 4 个是输入端口，分别连接到键盘内部的每一行（ROW0～ROW3）；另 4 个是输出端口，分别连接到键盘内部的每一列（COL0～COL3）（见图 2-1）。初学者通常只会使用简单的按键，换言之，就是直接将按键产生的 1/0 信号作为输入。矩阵键盘则比较复杂一些，必须用一个专门设计的电路，通过扫描和分析电路来确定按键的操作码。课堂实验用的矩阵键盘的 4 个输入端口（ROW[3:0]）接收由 FPGA 产生的键盘扫描输入信号，而 4 个输出端口（COL[3:0]）把按键操作的信息变化输出到 FPGA 中的键盘扫描分析电路，通过电路的分析，可以确定按键的操作码。矩阵键盘除了与 FPGA 有 8 个连接线外，它的 4 个输入端口（ROW[3:0]）分别连接了 4 个上拉电阻。当位于 FPGA 中的键盘扫描分析电路给矩阵键盘的 4 个输入端口的输入都为 1 时，则无论按哪个按钮，键盘的 4 个输出（COL[3:0]）都为 1。当位于 FPGA 中的键盘扫描分析电路的输出令矩阵键盘的 4 个输入端口信号都变为0时，则只要按下任何一个键，键盘的4个输出(COL[3:0])中肯定有1比特变为0。而且也知道按下的键位于哪一列，只是不能确定在哪一行。所以只要让键盘的4个输入端口(ROW[3:0])只有一行为0，其余3行值为1，轮流扫描一遍，便可以确定按下的键的准确位置。换言之，FPGA中的扫描电路令ROW[3:0]输出先为0000，一旦发现有键按下，立即开始扫描：1110,1101,1011,0111，反复循环。然后查看键盘输出端口(COL[3:0])4个比特位上是否出现过0，该0出现在哪一列，而且出现的时刻与(ROW[3:0])扫描输入1110,1101,1011,0111中的哪个对应。使用这种扫描方法，只要有按键被按下，最多扫描到第4行，肯定会出现COL[3:0]不等于4'b1111的情况，然后根据ROW和COL上0的位置，就能够找到那个被按下的按键。这种让ROW[3:0]4个输入端口中的某一比特为0其余比特都为1，轮流变化0的位置的方法叫做键盘扫描。

由于按键在按下时会有抖动，因此必须要对获取的键值进行消抖处理。消抖使用状态机判断，若连续15 ms获取的键值不变则认为是有效信号，否则认为是抖动。

2.3　设计工具使用讲解

昨天已经新建好了工程，今天只需继续在这个工程下添加模块就可以了。

选择File→New→Verilog HDL File，如图2-2所示，然后单击下面的OK按钮。

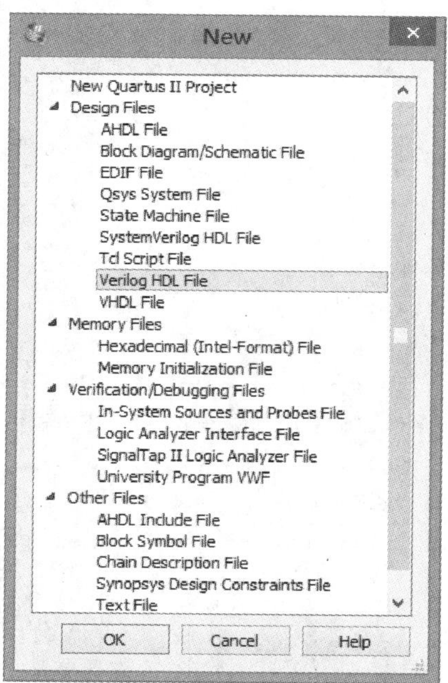

图2-2　新建文件

2.3.1 矩阵键盘码扫描分析模块的可综合代码

下面是夏老师在课堂演示的矩阵键盘码扫描分析模块的代码：

```
`define OK 1'b1               //定义 OK 代表 1
`define NO 1'b0               //定义 NO 代表 0
`define NoKeyIsPressed 17     //定义 NoKeyIsPressed 代表 17
//4×4 键盘若只使用单键,可区别 16 种不同的按钮状态,包括没有键按下的状态,应该有 17
//种状态

//键盘扫描分析模块名及输入/输出端口的定义
   module keyscan0(clk,rst_n,keyscan,keyin,real_number);
    input clk,rst_n;
    input [3:0]keyin;
    output [3:0] keyscan;
    output [4:0] real_number;
    reg [3:0] state;
    reg [3:0] four_state;
    reg [3:0] scancode, scan_state;
    reg [4:0] numberout, number_reg,
              number_reg1, number_reg2,
              real_number;
    reg AnyKeyPressed;

    assign keyscan = scancode;

    always @(posedge clk) //always 块 1
    if (! rst_n)
        begin
          scancode <= 4'b0000;
          scan_state <= 4'b0000;
        end
    else
       if(AnyKeyPressed) //已发现有按键被按下,开始扫描,并产生扫描码
          case (scan_state)
              4'b0000: begin scancode <= 4'b1110; scan_state <= 4'b0001; end
              4'b0001: begin  scancode <= {scancode[0],scancode[3:1]}; end
          endcase
       else
          begin
              scancode <= 4'b0000;
```

```
        scan_state <= 4'b0000;
        end

always @(posedge clk)           //always 段 2
 if( ! (&keyin))                //确认已有某个键被按下
   begin
    AnyKeyPressed <= `OK ;
    four_state <= 4'b0000;
   end
 else
   if(AnyKeyPressed)        //令 AnyKeyPressed 为 1,并至少保持 4 个时钟
      case(four_state)
        4'b0000: begin  AnyKeyPressed <= `OK ;  four_state <= 4'b0001; end
        4'b0001: begin  AnyKeyPressed <= `OK ;  four_state <= 4'b0010; end
        4'b0010: begin  AnyKeyPressed <= `OK ;  four_state <= 4'b0100; end
        4'b0100: begin  AnyKeyPressed <= `OK ;  four_state <= 4'b1000; end
        4'b1000: begin  AnyKeyPressed <= `NO ;   end
        default: AnyKeyPressed <= `NO ;
      endcase
   else
        four_state <= 4'b0000;

always @(posedge clk)       //always 段 3  利用扫描码和键盘输出信号,确定被按下的
                            //是哪个键盘
  casex({scancode,keyin})
    8'b0111_1110: numberout <= 5'd0;
    8'b1011_1110: numberout <= 5'd1;
    8'b1101_1110: numberout <= 5'd2;
    8'b1110_1110: numberout <= 5'd3;

    8'b0111_1101: numberout <= 5'd4;
    8'b1011_1101: numberout <= 5'd5;
    8'b1101_1101: numberout <= 5'd6;
    8'b1110_1101: numberout <= 5'd7;
    8'b0111_1011: numberout <= 5'd8;
    8'b1011_1011: numberout <= 5'd9;
    8'b1101_1011: numberout <= 5'd10;
    8'b1110_1011: numberout <= 5'd11;
```

```
    8'b0111_0111: numberout  <=  5'd12;
    8'b1011_0111: numberout  <=  5'd13;
    8'b1101_0111: numberout  <=  5'd14;
    8'b1110_0111: numberout  <=  5'd15;
    default: numberout  <=`NoKeyIsPressed;
   endcase


always @(posedge clk)     //always 段 4
begin
    if (! rst_n)
    begin
      number_reg <=  0;
    end
    else
        if( numberout <= 5'd15 && numberout >= 5'd0)
            begin
                 number_reg <=  numberout;  //将按下的键码值存入寄存器
            end
        else
            begin
                if(AnyKeyPressed == `NO)    //记录无任何键按下的状态
                    number_reg <= `NoKeyIsPressed;
            end

 end

always @(posedge clk)                          //always 段 5
 if (! rst_n)
    state <= 4'b0000;
 else
case (state)              //不记录维持时间小于 15 ms 的按键值,即消除按键值的抖动
4'd0: begin
            number_reg1  <=  number_reg;
            state <= 4'd1;
        end
4'd1: begin
                if(number_reg == number_reg1)
```

```
              state <= 4'd2;
          else
              state <= 4'd0;
      end
4'd2: begin
          if (number_reg == number_reg1)
              state <= 4'd3;
          else
              state <= 4'd0;
      end
4'd3: begin
          if (number_reg == number_reg1)
              state <= 4'd4;
          else
              state <= 4'd0;
      end
4'd4: begin
          if(number_reg == number_reg1)
              state <= 4'd5;
          else
              state <= 4'd0;
      end
4'd5: begin
          if(number_reg == number_reg1)
              state <= 4'd6;
          else
              state <= 4'd0;
      end
4'd6: begin
          if (number_reg == number_reg1)
                  state <= 4'd7;
          else
              state <= 4'd0;
      end
4'd7: begin
          if (number_reg == number_reg1)
                state <= 4'd8;
          else
```

```
                state <= 4'd0;
            end
        4'd8: begin
                if (number_reg == number_reg1)
                    state <= 4'd9;
                else
                    state <= 4'd0;
            end
        4'd9: begin
                if(number_reg == number_reg1)
                    state <= 4'd10;
                else
                    state <= 4'd0;
            end
        4'd10: begin
                if (number_reg == number_reg1)
                    state <= 4'd11;
                else
                    state <= 4'd0;
            end
        4'd11: begin
                if (number_reg == number_reg1)
                    state <= 4'd12;
                else
                    state <= 4'd0;
            end
        4'd12: begin
                if(number_reg == number_reg1)
                  state <= 4'd13;
                  else
                  state <= 4'd0;
            end
        4'd13: begin
                if (number_reg == number_reg1)
                    state <= 4'd14;
                else
                    state <= 4'd0;
            end
```

```
4'd14: begin
                if (number_reg == number_reg1)
                 state <= 4'd15;
                else
                 state <= 4'd0;
            end
    4'd15: begin
                if (number_reg == number_reg1 )
                    begin
                        state <= 4'd0;
                        real_number <= number_reg;
                    end
                else
                            state <= 4'b0000;
            end
      default:   state <= 4'b0000;
      endcase
    endmodule
```

2.3.2　矩阵键盘码扫描分析模块代码解析

下面对上述代码进行分析。这个模块的输入，除了时钟和复位键以外，就是由扫描键盘得来的输入 keyin[3:0]，对应到原理图上是 ROW 这 4 根线；模块的输出是最终确定的按键，以及输出到扫描键盘的 keyscan[3:0]，对应到原理图上是 COL 这 4 根线。整个代码共分 5 个 always 段，按功能分类可以将前 3 个归一类，用来确定键盘上 16 个键按下的是哪一个键；后 2 个 always 段是用来去除按键抖动的。由于机械按键的物理结构，在按键生效的那一瞬间会产生连接不稳的情况，导致信号出现震荡。也就是说，本来只按一次键，结果会被判断成多次按键，所以要对机械按键进行消抖处理。首先分析一下确定按键的部分。来看第一个 always 段的代码：

```
always @(posedge clk)      //第一个 always 段的前半段
 if (! rst_n)
     begin
       scancode <= 4'b0000;
       scan_state <= 4'b0000;
     end
```

复位之后，keyscan 输出全为低电平，也就是竖向这 4 条 COL 线都为低电平 0，而此时并没有按键按下，所以横向这 4 条 ROW 线并不会有低电平 0，因此此时模块的输入 keyin[3:0]为 1111。第二个 always 段是响应输入 keyin 的，代码如下：

```
always @(posedge clk)  //第二个 always 段的前半段
 if( ! (&keyin))
       begin
        AnyKeyPressed <= `OK ;
        four_state <= 4'b0000;
       end
```

当扫描键盘上这 16 个按键中有一个被按下，对应按键那一行就会因为按键按下而将 ROW 和 COL 连接起来，导致 ROW 的电平被拉低。所以此时 keyin 就会有一个值变成了 0，而 &keyin 就是指将 keyin 所有线连到一起，那么 &keyin 就会变成低电平，! 表示取反变成高电平，那么也就是说，当有按键按下的时候，这个 if(! (&keyin))就成立了，AnyKeyPressed 变为了 1，第一个 always 段的后半部分就开始起作用了，代码如下：

```
if(AnyKeyPressed)          //第一个 always 段的后半段
        case (scan_state)
             4'b0000: begin  scancode <= 4'b1110; scan_state <= 4'b0001; end
             4'b0001: begin  scancode <= {scancode[0],scancode[3:1]}; end
        endcase
else
       begin
            scancode <= 4'b0000;
            scan_state <= 4'b0000;
       end
```

虽然检测到了有按键按下，但是只知道是哪一行(ROW)，并不知道是哪一列(COL)，所以还不能确定是哪个按键。这时候就要让 COL 这 4 根线不要再继续都输出 0 了，而是每一根都输出一次 0，同时其他线输出 1，也就是 1110、1101、1011、0111。经过这 4 次输出之后，就可以知道 ROW 这根线上的低电平 0，到底是从哪一根 COL 传过来的了，从而确定了按键的位置。上面这段代码也就是第一个 always 段的后半段，当 AnyKeyPressed 为 1(也就是有按键按下)的时候，让 scancode 停止继续输出 0000，而是输出刚刚所说的 1110、1101、1011、0111，这样，再配合第三个 always 段，就可以判断是哪一个按键了，代码如下：

```
always @(posedge clk)      //第三个 always 段
  casex({scancode,keyin})
     8'b0111_1110: numberout <= 5'd0;
     8'b1011_1110: numberout <= 5'd1;
     8'b1101_1110: numberout <= 5'd2;
     8'b1110_1110: numberout <= 5'd3;
```

```
    8'b0111_1101: numberout  <=  5'd4;
    8'b1011_1101: numberout  <=  5'd5;
    8'b1101_1101: numberout  <=  5'd6;
    8'b1110_1101: numberout  <=  5'd7;

    8'b0111_1011: numberout  <=  5'd8;
    8'b1011_1011: numberout  <=  5'd9;
    8'b1101_1011: numberout  <=  5'd10;
    8'b1110_1011: numberout  <=  5'd11;

    8'b0111_0111: numberout  <=  5'd12;
    8'b1011_0111: numberout  <=  5'd13;
    8'b1101_0111: numberout  <=  5'd14;
    8'b1110_0111: numberout  <=  5'd15;
    default: numberout  <=`NoKeyIsPressed;
  endcase
```

scancode 对应着 COL，keyin 对应着 ROW，两组数据的组合就可以确定哪个键被按下，并将这 17 种(16 个按键以及 1 个所有键都不按)情况保存到 numberout 这个寄存器里。第二个 always 段的后半部分刚刚还没有讲，放在这里说一下：

```
if( ! (&keyin))
else      //第二个 always 段的后半部分
    if(AnyKeyPressed)
       case(four_state)
         4'b0000: begin  AnyKeyPressed <= `OK ;  four_state <= 4'b0001; end
         4'b0001: begin  AnyKeyPressed <= `OK ;  four_state <= 4'b0010; end
             4'b0010: begin  AnyKeyPressed <= `OK ;  four_state <= 4'b0100; end
         4'b0100: begin  AnyKeyPressed <= `OK ;  four_state <= 4'b1000; end
         4'b1000: begin  AnyKeyPressed <= `NO ;   end
         default: AnyKeyPressed <= `NO ;
       endcase
    else
         four_state <= 4'b0000;
```

这是一个小状态机，就是为了让 AnyKeyPressed 保持 4 个时钟周期，以便让 scancode 那 4 次扫描能成功，之后将 AnyKeyPressed 关掉。也就是说，scancode 在没有按键按下时，保持为 0000，在有某一个按键按下后，AnyKeyPressed ＝ 1 了，scancode 便会进行一次扫描，4 个时钟周期之后，扫描结束，AnyKeyPressed 清 0，

scancode 恢复为 0000。后面两个 always 段便是用来去除按键抖动的,代码如下:

```
always @(posedge clk)     //第四个 always 段
begin
    if (! rst_n)
    begin
      number_reg <= 0;
    end
    else
        if( numberout <= 5'd15 && numberout >= 5'd0)
            begin
                 number_reg <= numberout;
            end
        else
            begin
                if(AnyKeyPressed == `NO)
                    number_reg <= `NoKeyIsPressed;
            end

end
```

这一段没有太多的东西,只是把刚刚确定的 numberout 放进了一个叫做 number_reg 的寄存器里存住,用于第五个 always 段进行消抖处理,代码如下:

```
always @(posedge clk)  //第五个 always 段
 if (! rst_n)
    state <= 4'b0000;
     else
    case (state)
4'd0: begin
            number_reg1 <= number_reg;
            state <= 4'd1;
        end
4'd1: begin
            if(number_reg == number_reg1)
                state <= 4'd2;
            else
                state <= 4'd0;
        end
4'd2: begin
            if (number_reg == number_reg1)
                state <= 4'd3;
```

```
        else
                state <= 4'd0;
        end
4'd3: begin
            if (number_reg == number_reg1)
                state <= 4'd4;
            else
                state <= 4'd0;
        end
4'd4: begin
             if(number_reg == number_reg1)
                state <= 4'd5;
             else
                state <= 4'd0;
        end
4'd5: begin
            if(number_reg == number_reg1)
                state <= 4'd6;
            else
                state <= 4'd0;
        end
4'd6: begin
                if (number_reg == number_reg1)
                state <= 4'd7;
            else
                state <= 4'd0;
        end
4'd7: begin
            if (number_reg == number_reg1)
                  state <= 4'd8;
            else
                  state <= 4'd0;
        end
4'd8: begin
            if (number_reg == number_reg1)
                  state <= 4'd9;
            else
                  state <= 4'd0;
```

```
        end
    4'd9: begin
            if(number_reg == number_reg1)
                state <= 4'd10;
            else
                state <= 4'd0;
        end
    4'd10: begin
            if (number_reg == number_reg1)
                state <= 4'd11;
            else
                state <= 4'd0;
        end
    4'd11: begin
            if (number_reg == number_reg1)
                state <= 4'd12;
            else
                state <= 4'd0;
        end
    4'd12: begin
            if(number_reg == number_reg1)
                state <= 4'd13;
            else
                state <= 4'd0;
        end
    4'd13: begin
            if (number_reg == number_reg1)
                state <= 4'd14;
            else
                state <= 4'd0;
        end
    4'd14: begin
            if (number_reg == number_reg1)
             state <= 4'd15;
            else
             state <= 4'd0;
        end
    4'd15: begin
```

```
    if (number_reg == number_reg1 )
            begin
                state <= 4'd0;
                real_number <= number_reg;
            end
        else
                    state <= 4'b0000;
    end
default:    state <= 4'b0000;
endcase
```

这一段内容虽然很长,但是要做的事情非常简单,就是要判断 number_reg 里面的数,在这 15 个时钟周期之内有没有变化,如果没变化,则认为是有效数据;因为抖动的变化非常快,不会在 15 个时钟周期内保持不变,所以会将之判断为无效数据。在 15 个周期之后,如果数据不变则 real_number(也就是真正我们按下的键值)就被最终确定下来了,其也是这个键盘扫描模块最终的输出。因为 real_number 的范围是 0～17(17 表示没有按键按下,二进制为 10001),所以要用 5 根线来输出 real_number [4:0]。大家可以仿照夏老师提供的代码的思路来编写键盘扫描模块,新建一个 Verilog HDL File,写好后保存。

2.3.3 矩阵键盘扫描分析模块的测试

夏老师在课堂上多次指出:矩阵键盘扫描分析模块比较复杂,只凭头脑的抽象思维想很快完成设计任务比较困难。在设计过程中,必须认真编写描述键盘操作的行为模块,令它与矩阵键盘扫描分析模块互动,通过波形观察,才能发现键盘扫描分析模块设计中很难想明白而确实存在的问题,然后逐一解决。只有采用这样的方法,才有可能较快地实现非常稳定可靠的矩阵键盘扫描分析模块。换言之,键盘操作行为模块必须能根据操作者按下的不同键码、维持时间的长短、抖动持续时间等信息生成并输出随时钟变化的键盘码信号序列,矩阵键盘扫描分析模块才能分析出操作者确实按下了某个键码或者只是无意义的键码抖动或触动。而键盘操作行为模块输出的键盘码信号序列不但与操作者按下哪个键码的动作有关,还与矩阵键盘扫描分析模块有密切联系。因为键盘操作行为模块的输出信号先要触发矩阵键盘扫描分析模块产生键盘扫描信号输出序列,然后该序列被键盘操作行为模块接收,用于产生能让矩阵键盘扫描分析模块准确判断哪个码已被按下的键码扫描序列。只有这两个模块密切地互动配合,键盘码分析模块才能准确地分析出被按下键码的准确位置。

与以前讲解的在测试模块中产生简单测试信号不同,这次对键盘扫描分析模块的测试必须单独编写一个键盘操作的行为模块,产生与被测试模块互动的测试信号。换言之,测试用的键盘操作行为模块先要有键盘操作的动作输出,被测试模块(键盘扫描分析模块)接收到输出信号后,随即发出扫描信号序列,键盘操作行为模块接收到扫描序列,配合按键操作行为,产生包含确切按键码信息的信号序列,来模拟真实按键操作过程的测试环境。由于在比较庞大的设计中,信号互动是十分复杂的,仿真这样的信号,必须编写信号之间能互动的独立测试模块,生成每个时序都符合仿真要求的互动信号,以保证仿真行为的准确性。所以优秀的设计师,必须学会如何编写描述有互动行为的测试信号模块。测试模块必须模拟被测试模块在真实环境中会遇到的各种情况,而且要尽可能地考虑全面,尤其是一些极限边角情况。若测试环境不完整,即使仿真结果无错,但这种所谓"正确"的仿真结果对于真正的设计只是浪费时间,毫无意义。这充分体现了全面严格的测试验证工作对复杂数字设计的重要性。

下面是夏老师提供的键盘操作的行为模块代码:

```
`timescale 1us/1us
`define ClockPeriod 1000                                        //1 ms
`define NOKeyIsPressed 5'd17                                    //无任何键被按下
`define NoKeyPressedTime   ((`ClockPeriod * 20 * 2) + ({ $random} % (89 * `ClockPeriod)))
`define KeyFlipTime   (`ClockPeriod * 3  +  { $random} % (`KeyPressTime/5)) //键抖动时间
`define KeyPressTime   (`ClockPeriod * 20  +  { $random} % (`ClockPeriod * 20 * 2))
                                                                //达标按键保持时间 > 20 ms
module keysig0(keyscan,keyout,clk,rst_n);
  //模拟键盘操作者的按键操作
  //接收键盘分析模块产生的键盘扫描信号
  //输出包含按键操作信息的键盘扫描码序列
 input   [3:0] keyscan;
 output reg [4:0] keyout;
 output reg clk,rst_n;

 reg [4:0] pnumber,pnumber_reg;
 reg [3:0] pnumber_flip;
 reg [(8 * 15):0] Pressed_Key_Information;             //以字符串形式记录按键操作状态

 initial                                                //进行初始化和复位操作
 begin
      clk = 0;
      keyout = 4'b1111;
      rst_n = 1'b1;
       #3 rst_n = 1'b0;
 #(`ClockPeriod + `ClockPeriod/3)  rst_n = 1'b1;
 end

 initial
```

```
begin
forever #(`ClockPeriod/2) clk = ~clk; //产生时钟信号
end

initial
begin
    pnumber = `NOKeyIsPressed;
    #(`NoKeyPressedTime);

    pnumber = 0;     //模拟按下按键 0
    Pressed_Key_Information = "OneKeyPressed";          //显示状态信息
    # (`KeyPressTime);
    pnumber_flip = {$random}%16;     //加入随机按键抖动
    pnumber = pnumber + pnumber_flip; #`KeyFlipTime;     //模拟按键抖动
    pnumber = pnumber - pnumber_flip; #`KeyFlipTime;

    pnumber = `NOKeyIsPressed;     //松开按键 0
    Pressed_Key_Information = "NOKeyIsPressed"; //显示状态信息
    #(`NoKeyPressedTime); //经过一段没有按键的时间

    pnumber_flip = {$random}%16;     //加入随机的按键抖动
    pnumber = pnumber + pnumber_flip; #`KeyFlipTime;     //模拟抖动
    pnumber = pnumber - pnumber_flip; #`KeyFlipTime;
    pnumber = 0;     //按下按键 0
    repeat(33)     //顺序从按键 0 一直按到 15,循环两次
    begin
        #5;
        Pressed_Key_Information = "OneKeyPressed";//显示按键操作状态信息
        pnumber = pnumber + 1; #`KeyPressTime;
        pnumber_flip = {$random}%16;
        Pressed_Key_Information = "Key_Flips";     //显示按键抖动状态信息
        pnumber = pnumber + pnumber_flip; #`KeyFlipTime;
        Pressed_Key_Information = "Key_Flips";     //显示按键抖动状态信息
        pnumber = pnumber - pnumber_flip; #`KeyFlipTime;
        pnumber_reg = pnumber;
        pnumber = `NOKeyIsPressed;
        Pressed_Key_Information = "NOKeyIsPressed";
```

```
            #`NoKeyPressedTime;
            pnumber = pnumber_reg;
            Pressed_Key_Information = "Key_Flips";#`KeyFlipTime;
            if (pnumber>16)
              pnumber = 0;
      end
    Pressed_Key_Information = "NOKeyIsPressed";
    pnumber = `NOKeyIsPressed;
    #`NoKeyPressedTime;
     repeat(70)     //进行随机按键操作
       begin
           Pressed_Key_Information = "Key_Flips";
           pnumber = pnumber + 3; #`KeyFlipTime;
           Pressed_Key_Information = "Key_Flips";
           pnumber = pnumber - 3; #`KeyFlipTime;
           Pressed_Key_Information = "OneKeyPressed";
           pnumber = {$random} % 17; #`KeyPressTime;
           pnumber_reg = pnumber;
           Pressed_Key_Information = "Key_Flips";
           pnumber = pnumber + 3; #`KeyFlipTime;
           pnumber = pnumber - 3; #`KeyFlipTime;
           Pressed_Key_Information = "NOKeyIsPressed";
           pnumber = `NOKeyIsPressed;
           #`NoKeyPressedTime;
           if (pnumber>16)
               pnumber = 0;

       end
       $stop;

 end

always @(*)     //模拟行列扫描
    case (pnumber)
    0:    #2 keyout = {1'b1,1'b1,1'b1,keyscan[3]};
    1:    #2 keyout = {1'b1,1'b1,1'b1,keyscan[2]};
    2:    #2 keyout = {1'b1,1'b1,1'b1,keyscan[1]};
```

```
        3:    #2 keyout = {1'b1,1'b1,1'b1,keyscan[0]};
        4:    #2 keyout = {1'b1,1'b1,keyscan[3],1'b1};
        5:    #2 keyout = {1'b1,1'b1,keyscan[2],1'b1};
        6:    #2 keyout = {1'b1,1'b1,keyscan[1],1'b1};
        7:    #2 keyout = {1'b1,1'b1,keyscan[0],1'b1};
        8:    #2 keyout = {1'b1,keyscan[3],1'b1,1'b1};
        9:    #2 keyout = {1'b1,keyscan[2],1'b1,1'b1};
        10:   #2 keyout = {1'b1,keyscan[1],1'b1,1'b1};
        11:   #2 keyout = {1'b1,keyscan[0],1'b1,1'b1};
        12:   #2 keyout = {keyscan[3],1'b1,1'b1,1'b1};
        13:   #2 keyout = {keyscan[2],1'b1,1'b1,1'b1};
        14:   #2 keyout = {keyscan[1],1'b1,1'b1,1'b1};
        15:   #2 keyout = {keyscan[0],1'b1,1'b1,1'b1};
        16:   #2 keyout = {1'b1,1'b1,1'b1,keyscan[3]};
        default:  #2 keyout = 4'b1111;
        endcase

endmodule
```

这段信号生成代码将情况考虑的非常周全，模拟出了机械键盘输入时会出现的抖动，还有随机的按键测试。对于初学者来说读起来难度很大，先不做要求，大家有兴趣可以先根据我写的注释解读一下。再次新建一个 Verilog HDL File，把这段测试代码敲进去，保存。

有了信号产生模块，还需要一个测试顶层模块将信号产生模块和被测试模块连接起来。只需要对两个模块实例化，并进行连线即可。新建一个 Verilog HDL File，敲入下面的代码：

```
module keyscan_tb0;

    //定义模块间的连线
    wire [3:0] keyscan;
    wire [4:0] real_number;
    wire [4:0] keyout;
    wire clk,rst_n;

    //分析哪个按键被按下的模块，在本测试环境中是被测试的模块
    keyscan0 u1(  .clk(clk),
                  .rst_n(rst_n),
                  .keyscan(keyscan),
```

```
                .keyin(keyout),
                    .real_number(real_number));

        //模拟按键操作后产生的信号序列,供上面键盘分析模块判断按下的是哪个按键码
        keysig0 u2(    .keyscan(keyscan),
                      .keyout(keyout),
                      .clk(clk),
                      .rst_n(rst_n));

endmodule
```

写好后保存,命名为 keyscan_tb0。接下来进行扫描键盘的测试。首先设置要仿真的文件,将三个模块都添加进去,如图 2-3 所示。

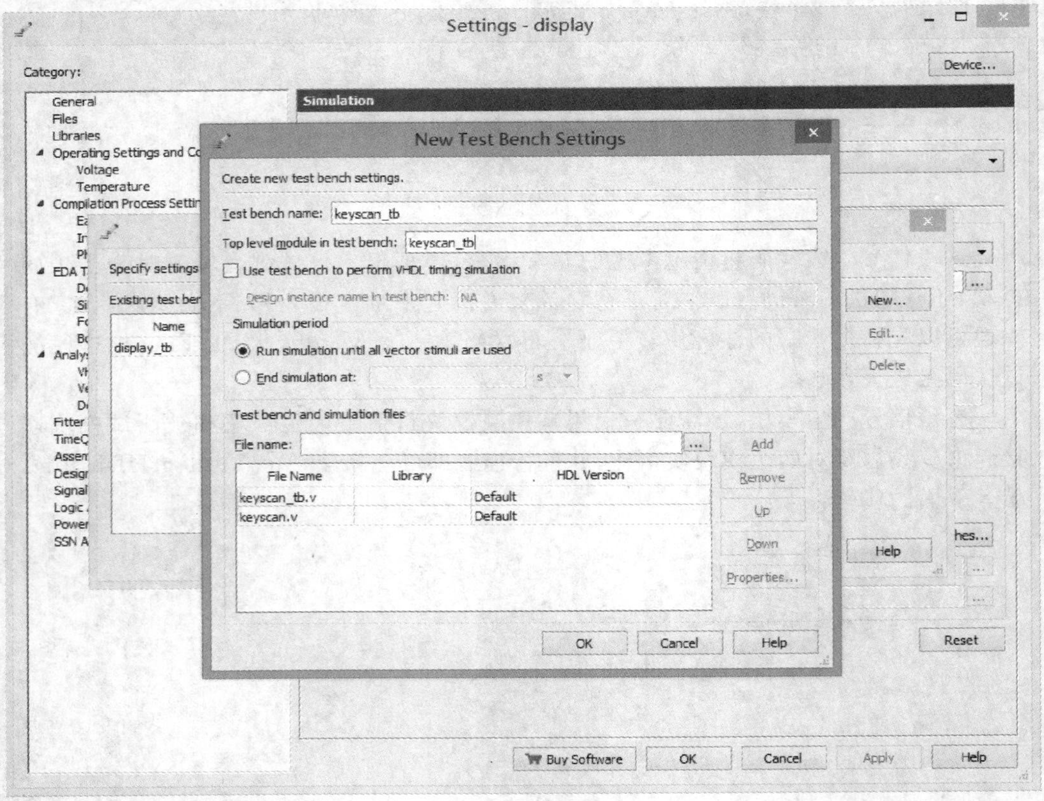

图 2-3 新建仿真设置

添加完毕单击 OK 按钮,选择即将要进行仿真的那一个(见图 2-4),再单击 OK 按钮。

仿真文件设置好后，再将被测模块设成顶层文件（见图 2－5），之后再综合一次（Ctrl＋K），并启动仿真。启动仿真的方法与之前相同。

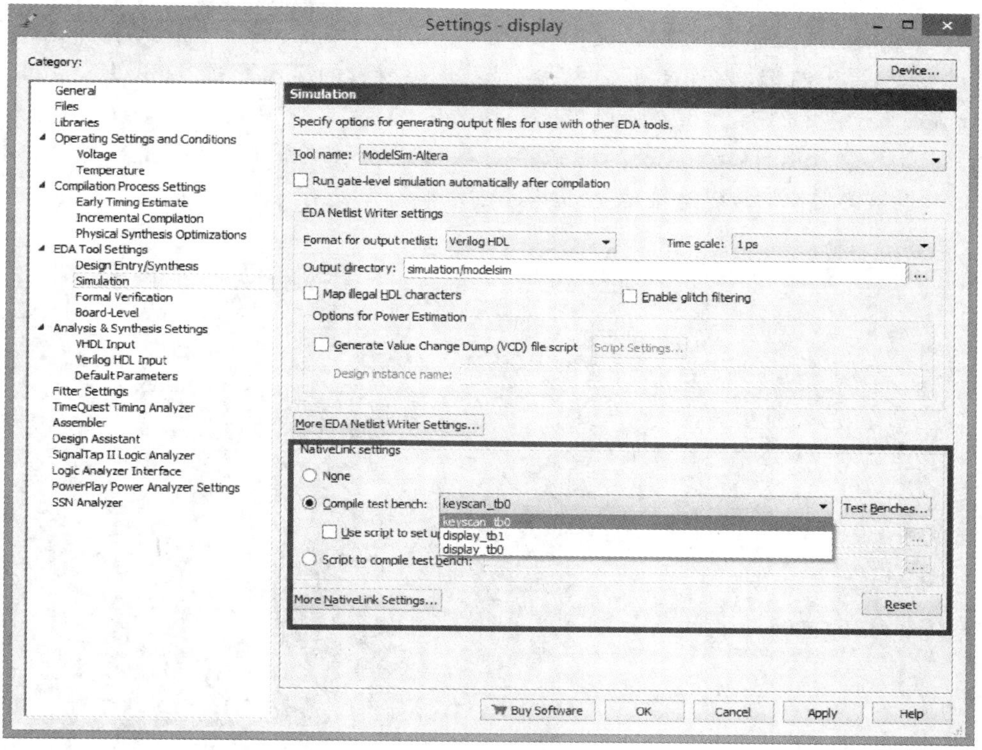

图 2－4　修改仿真设置

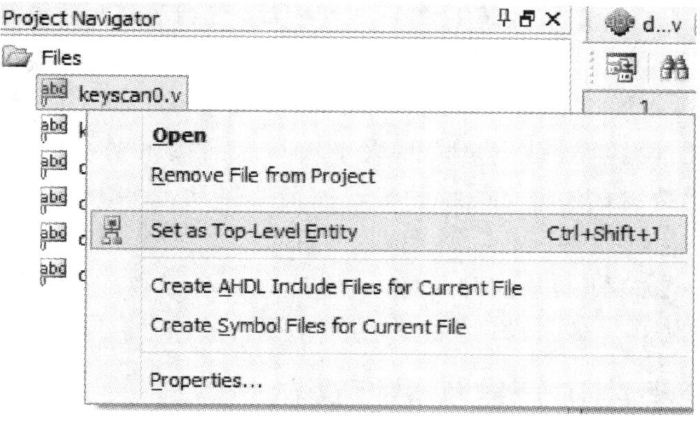

图 2－5　设置顶层文件

2.3.4 转到 ModelSim 仿真工具进行测试

观察波形时，变量默认的显示方式是二进制，有时候不方便观察，可以先单击窗口左下角红色线框标记的按钮(见图 2-6)，把变量的路径去掉；之后选中要更改形式的变量，单击右键，选择 Radix，然后挑选我们想要看的显示形式，这里的 realnumber 是十进制无符号类型，所以选择 Unsigned。夏老师还在 testbench 里加了 Pressed_Key_Information 变量，是以字符串形式表示当前的状态，我们可以将其 Radix 设置为 ASC II，以清楚地看到按键的状态。

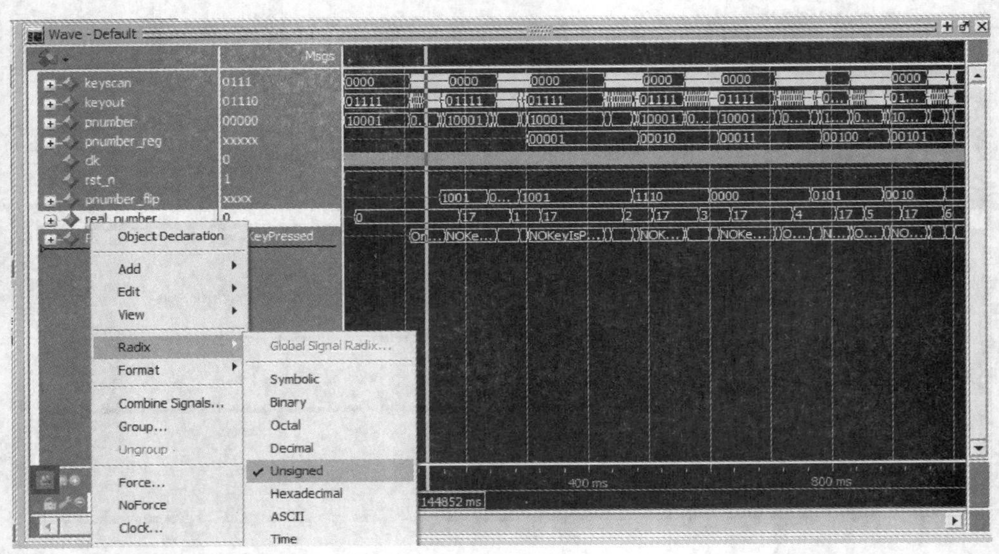

图 2-6 修改显示形式

可以通过工具栏中的放大镜对波形进行缩放，直到清楚地看到有用的变量。这里主要关注 real_number 变量，所以把波形放大到变量每一次变化都能看得见的大小。real_number 是模块的输出，17 代表没有键按下，0～15 是 16 个按键的对应值。根据 testbench 的内容，按键先是按照顺序从 0～15 按了两遍(相邻按键之间有抬起)，再进行随机按键的测试，并且附加了一定的抖动，real_number 输出的结果均正确。

功能仿真通过后，进行一次全编译，建议把后仿真也做一次，因为后仿真才是最贴近真实情况的仿真。如果没问题的话仿真结果应和图 2-6 相同。

2.3.5 下载程序到开发板进行调试

接下来就可以结合起数码管显示模块进行联合调试了，不过还需要对数码管显示模块做一些相应的修改。因为之前没有做输入，现在要加上输入，接到扫描键盘模块的输出上面。键盘扫描分析模块的输出是 5 位的 real_number，所以要在数码管模块上加入一个 5 位的输入。

```
module display2(clk, rst_n, real_number, sel, seg, clk_slow);   //改动 1:修改模块名

//改动 2:三个输入,一个时钟 clk,一个复位 rst_n,以及由扫描键盘得到的 real_number
input clk;
input rst_n;
input [4:0] real_number;

//改动 3:三个输出,位选 sel,段选 seg,并为扫描键盘提供慢时钟
output reg [2:0] sel;
output reg [7:0] seg;
output reg clk_slow;

//产生慢时钟的计数器 cnt
reg [16:0] cnt;
//改动 4:加入一个判断 real_number 时需要的中间变量
reg [7:0] segdata;

//这个 always 段用来产生慢时钟 clk_slow
    always @ (posedge clk)
    begin
        if(! rst_n)
        begin
            cnt <= 0;
            clk_slow <= 1;                          //复位时 clk_slow 静止不动
        end
        else
        begin
            cnt <= cnt + 1;                         //复位结束后 cnt 开始计数
            clk_slow <= cnt[12];        //扫描没有必要非得是 60 Hz 整,大于 60 Hz 即可
        end
    end

    //这个 always 段用于扫描数码管,也就是 sel 循环地变化
    always @ (posedge clk_slow or negedge rst_n)
    begin
        if(! rst_n)
        begin
            sel <= 0;                               //复位时 sel 静止
```

```
        end
        else
        begin
            sel <= sel + 1; //复位后 sel 开始扫描
        end
    end

    //改动 5:在数码管的最右侧显示按下的按键值
    always @ ( * )
    begin
        if(! rst_n)
            seg <= 8'b11111111;
        else
        begin
            case(sel)
                5: seg <= segdata;//只在 sel 为 7 的时候输出数字
                default: seg <= 8'b11111111;//sel 为其他时熄灭
            endcase
        end
    end

    //改动 6:根据 real_number 选择该位的显示码
    always @ ( * )
        case(real_number)
            0 : segdata <= 8'b11000000;      //数字 0 的显示码
            1 : segdata <= 8'b11111001;      //数字 1 的显示码
            2 : segdata <= 8'b10100100;      //数字 2 的显示码
            3 : segdata <= 8'b10110000;      //数字 3 的显示码
            4 : segdata <= 8'b10011001;      //数字 4 的显示码
            5 : segdata <= 8'b10010010;      //数字 5 的显示码
            6 : segdata <= 8'b10000010;      //数字 6 的显示码
            7 : segdata <= 8'b11111000;      //数字 7 的显示码
            8 : segdata <= 8'b10000000;      //数字 8 的显示码
            9 : segdata <= 8'b10010000;      //数字 9 的显示码
            10 : segdata <= 8'b10001000;     //数字 A 的显示码
            11 : segdata <= 8'b10000011;     //数字 B 的显示码
            12 : segdata <= 8'b11000110;     //数字 C 的显示码
            13 : segdata <= 8'b10100001;     //数字 D 的显示码
            14 : segdata <= 8'b10000110;     //数字 E 的显示码
            15 : segdata <= 8'b10001110;     //数字 F 的显示码
```

```
            default : segdata <= 8'b11111111;//熄灭码
        endcase

endmodule
```

改好显示模块之后就可以把两个模块连起来了。新建一个 Verilog HDL File 作为顶层，取名 calc0，将扫描键盘模块与数码管显示模块连上线，代码如下：

```
module calc0(clk,rst_n,seg,sel,keyin,keyscan);

//顶层模块的输入
input clk, rst_n;
input [3:0] keyin;

//顶层模块的输出
output [3:0] keyscan;
output [2:0] sel;
output [7:0] seg;

//两个模块之间的连线
wire clk_slow;
wire [4:0] real_number;

//对两个模块进行实例化
display2 u1(
                .clk(clk),
                .real_number(real_number),
                .rst_n(rst_n),
                .sel(sel),
                .seg(seg),
                .clk_slow(clk_slow)
                );


keyscan0 u2(
                .clk(clk_slow),
                .rst_n(rst_n),                .keyscan(keyscan),
                .keyin(keyin),
                .real_number(real_number)
                );
endmodule
```

写完之后保存，并进行分析综合，设置该模块为顶层，方法与之前的相同。之后按照引脚分配索引进行引脚的定义，如图 2－7 所示。

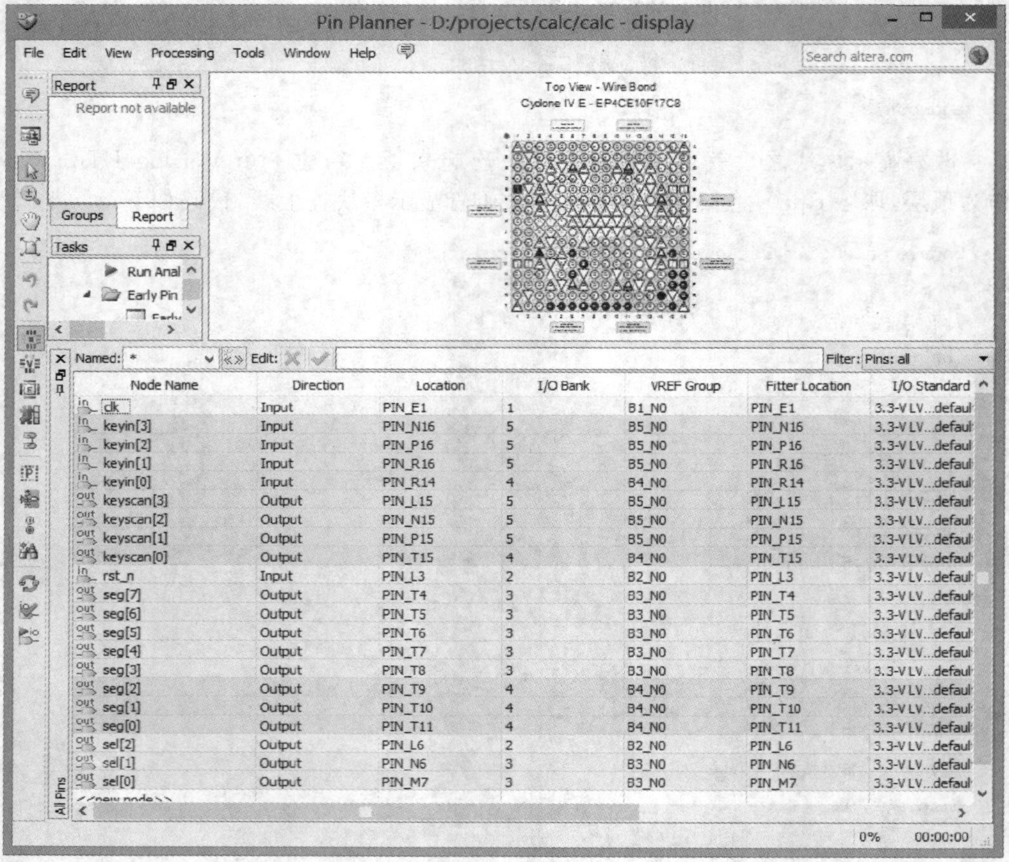
Pin Planner - D:/projects/calc/calc - display
File Edit View Processing Tools Window Help
Search altera.com
Report
Report not available
Groups Report
Tasks
Run Anal
Early Pin
Top View - Wire Bond
Cyclone IV E - EP4CE10F17C8
Named: * Edit: Filter: Pins: all
Node Name | Direction | Location | I/O Bank | VREF Group | Fitter Location | I/O Standard
clk | Input | PIN_E1 | 1 | B1_N0 | PIN_E1 | 3.3-V LV...default
keyin[3] | Input | PIN_N16 | 5 | B5_N0 | PIN_N16 | 3.3-V LV...default
keyin[2] | Input | PIN_P16 | 5 | B5_N0 | PIN_P16 | 3.3-V LV...default
keyin[1] | Input | PIN_R16 | 5 | B5_N0 | PIN_R16 | 3.3-V LV...default
keyin[0] | Input | PIN_R14 | 4 | B4_N0 | PIN_R14 | 3.3-V LV...default
keyscan[3] | Output | PIN_L15 | 5 | B5_N0 | PIN_L15 | 3.3-V LV...default
keyscan[2] | Output | PIN_N15 | 5 | B5_N0 | PIN_N15 | 3.3-V LV...default
keyscan[1] | Output | PIN_P15 | 5 | B5_N0 | PIN_P15 | 3.3-V LV...default
keyscan[0] | Output | PIN_T15 | 4 | B4_N0 | PIN_T15 | 3.3-V LV...default
rst_n | Input | PIN_L3 | 2 | B2_N0 | PIN_L3 | 3.3-V LV...default
seg[7] | Output | PIN_T4 | 3 | B3_N0 | PIN_T4 | 3.3-V LV...default
seg[6] | Output | PIN_T5 | 3 | B3_N0 | PIN_T5 | 3.3-V LV...default
seg[5] | Output | PIN_T6 | 3 | B3_N0 | PIN_T6 | 3.3-V LV...default
seg[4] | Output | PIN_T7 | 3 | B3_N0 | PIN_T7 | 3.3-V LV...default
seg[3] | Output | PIN_T8 | 3 | B3_N0 | PIN_T8 | 3.3-V LV...default
seg[2] | Output | PIN_T9 | 4 | B4_N0 | PIN_T9 | 3.3-V LV...default
seg[1] | Output | PIN_T10 | 4 | B4_N0 | PIN_T10 | 3.3-V LV...default
seg[0] | Output | PIN_T11 | 4 | B4_N0 | PIN_T11 | 3.3-V LV...default
sel[2] | Output | PIN_L6 | 2 | B2_N0 | PIN_L6 | 3.3-V LV...default
sel[1] | Output | PIN_N6 | 3 | B3_N0 | PIN_N6 | 3.3-V LV...default
sel[0] | Output | PIN_M7 | 3 | B3_N0 | PIN_M7 | 3.3-V LV...default
<<new node>>
All Pins
0% 00:00:00

图 2－7　引脚分配设置

定义好之后，进行全编译（Ctrl＋L），通过后打开 Programmer，下载代码到开发板。当没有按键时，数码管保持熄灭，而当有键按下时，数码管可以显示按键的编号，这说明按键模块是正确的。

2.4　今天工作总结

到此今天的任务就算完成了。回顾一下今天学到的内容：了解扫描键盘的工作原理，是通过检测 COL 线传到 ROW 线的电平值，判断按键的位置，以这种检测的思想来编写按键检测代码，熟悉仿真，并学会顶层模块的编写，模块之间的信号传输，实现联合调试。因为要计算的数值位数可能较多，需要连续按几次键用以表示一个多位数数值，比如要计算 123＋456，需要依次按下 1，2，3 三个按键以表示 123 这个十进制数，还要按下表示＋的按键……所以明天要做的实验将是连续多次的按键输入，并且在数码管上移位显示输入数字的内容。

回顾一下今天学到的内容：

1）理解了扫描键盘的工作原理。

2）理解测试模块可以独立存在，既有输出，也有输入。

3）测试模块可以模拟真实情况下不同按键的输入过程和接触抖动过程。

4）在ModelSim的仿真中可以用字母显示测试过程波形中数据的含义，帮助分辨复杂的测试过程。

5）更进一步地熟悉了ModelSim仿真工具的使用。

6）顶层模块的编写。

7）将多个模块进行联合调试。

因为要计算的数值位数可能较多，需要连续按键表示一个位数多的数值，比如要计算123+456，需要依次按下1,2,3三个按键以表示123这个十进制数，所以明天要做的就是按键连续输入并且在数码管上移位显示的内容。

2.5 夏老师评述

深入理解本节介绍的键盘分析模块的设计过程是进入工程设计的最重要环节之一，必须引起同学们的足够注意。本节介绍的设计模块大家可以学习、参考和模仿，但必须自己动脑筋，独立编写自己的代码，并通过编写严格的测试模块，找到设计中存在问题，通过耐心细致地调整程序，最后得到正确稳定的代码。

从本节中可以看到，测试信号也可以用独立的模块产生，它还可以接收从被测试模块发出的信号，根据接收到信号的不同，产生不同的测试信号。测试平台（Testbench）是包括一个或多个测试信号模块（不需要综合成物理电路的模块）、一个或者多个被测试信号模块（Design Under Test，DUT，即需要综合成物理电路的模块）、仿真控制以及运行结果和过程的显示模块。测试环境的编写也是设计复杂数字系统的重要环节，甚至比编写可综合模块更加重要，因为只有经过严格全面的测试，才能发现设计中必然存在的各种问题，想办法解决这些问题，最后才有可能设计出没有瑕疵的能稳定运行的正确电路。

建议提前完成本设计任务的同学，自己编写严格的测试模块和可综合模块，用按下某个键来区分上键盘和下键盘，再按一次该键，可恢复原来的键盘，实现能区分30个不同键码的4×4键盘分析模块。

第3章

第三天——输入状态机模块的设计

3.1 设计需求讲解

从今天开始就进入计算器内层的设计了，也就是计算器的输入状态机模块的设计。操作数输入模块用来把按键输入的每一位按键的键值“拼接”起来，按键每按下一次，输入一位十进制的数，输入的十进制数以 BCD 码的形式放到操作数寄存器的个位，同时将寄存器中原数据向高位移动，并且还要响应操作符，在操作符之后要重新显示数字。效果如下：

初始(显示 0)→输入数 1(显示 1)→输入数 2(显示 12)→输入数 3(显示 123)→输入操作符(依然显示 123)→输入数 3(显示 3)→输入数 2(显示 32)→……

3.2 我对状态机概念的理解

像这种有着明显先后顺序的操作，一般情况下采用有限状态机(FSM)来处理。其实大家昨天就已经在代码中看到了状态机，比如：

```
always @(posedge clk)
 if( ! (&keyin))
    begin
     AnyKeyPressed <= `OK ;
     four_state <= 4'b0000;
    end
 else
    if(AnyKeyPressed)
       case(four_state)
          4'b0000: begin  AnyKeyPressed <= `OK ;  four_state <= 4'b0001; end//①
          4'b0001: begin  AnyKeyPressed <= `OK ;  four_state <= 4'b0010; end//②
          4'b0010: begin  AnyKeyPressed <= `OK ;  four_state <= 4'b0100; end
          4'b0100: begin  AnyKeyPressed <= `OK ;  four_state <= 4'b1000; end
          4'b1000: begin  AnyKeyPressed <= `NO ;   end
```

```
            default: AnyKeyPressed <= ~NO ;
          endcase
      else
            four_state <= 4'b0000;
```

这一小段代码就是一个状态机。在初始化时，将 four_state 值设置为 0，在 case (four_state)里会只执行第①行代码，此时 four_state 被赋值为 1，那么下一次时钟沿到来的时候，在 case (four_state)里便会执行第②行代码。以此类推，按照一定的顺序来执行 case 语句中这 5 行代码。因为硬件语言 HDL 中代码是并行执行的，所以想要执行一些有先后顺序的代码，就得用像状态机这种时序逻辑电路模块。简言之，状态机是有记忆功能的，它可以记住刚刚发生了什么，根据之前的情况来判断接下来会怎么做，实现一种因果的关系。

3.3 设计工具使用讲解

3.3.1 范例代码解析

下面把夏老师在课堂上提供的示例代码分享给各位同学。夏老师说，给大家这个代码是为了抛砖引玉。这段代码十分粗浅，但容易理解，给出的目的是让大家彻底明白状态的意义。同学们在理解了粗浅的状态概念和实现方法之后，必须自己有所创新，想出更巧妙的办法来定义和记录更复杂的状态，实现更宽广的状态转移，以便更有效地控制系统的资源。

```
//记录个、十、百位数字和四则算术运算符的输入，能执行最简四则算术运算控制的基础状
  态机
module gewshiwbaiw(clk,
                   rst_n,
                   realnumber,    //已确认的键盘码输入
                   gew,           //个位输出
                   shiw,          //十位输出
                   baiw,          //百位输出
                   BCD_code,      //BCD码输出
                   opcode,        //运算符输出
                   BCD_state      //状态记录
                   );


input clk,rst_n;
input [4:0]realnumber;

output [3:0]gew,
```

```
            shiw,
            baiw;
output [11:0] BCD_code;

output [3:0] opcode;
output [3:0] BCD_state;

reg [3:0] gew,   gew_reg,
          shiw,  shiw_reg,
          baiw,  baiw_reg;

reg [3:0] opcode,
          opcode_reg; //运算操作符寄存器

reg [11:0]  BCD_code_reg;

reg [5:0] BCD_state;
reg datacoming_flag, datacoming_state;


assign BCD_code = {baiw_reg,shiw_reg,gew_reg};

//提取按键按下和释放跳变时刻的时钟信号,以掌握准确的状态转换时刻

always @(posedge clk)
    if (rst_n)
    begin
        datacoming_state <= 0;
        datacoming_flag <= 0;
    end
    else
      if (realnumber! = 17)      //发现已有某个键被按下了
      case(datacoming_state)
       0: begin
            datacoming_flag <= 1;
            datacoming_state <= 1;
          end
       1: begin
            datacoming_flag   <= 0;
            datacoming_state <= 1;
          end
```

```
            endcase
            else                                        //该键已被放开,目前没有任何键被按下
            begin
                datacoming_state <= 0;
                datacoming_flag <= 0;
          end


//控制两个由个位、十位、百位组成的 BCD 码
//和相应运算操作符(加、减、乘、除)输入的状态机

always @(posedge clk)
   if (rst_n)
     begin
        {gew,shiw,baiw} <= 12'b0000_0000_0000;
        {gew_reg,shiw_reg,baiw_reg} <= 12'b0000_0000_0000;
        BCD_state <= 4'b0000;
            opcode <= 14;
            opcode_reg <= 14;
     end
   else if(datacoming_flag) //若有键已被按下
        case(BCD_state)
      0: if (realnumber >= 0 && realnumber <= 9)          //如键入码为操作数,而非操作码
          begin
            opcode_reg <= opcode;
            gew <= realnumber;
            BCD_state <= 1;
          end

      1: if(realnumber >= 0 && realnumber <= 9 )
          begin
            gew <= realnumber;
            shiw <= gew;
            BCD_state <= 2;
          end
         else if(realnumber >= 10 && realnumber <= 13)
                                                             //如键入码为操作码,而非操作数
           begin
            opcode <= realnumber;
            {baiw_reg,shiw_reg,gew_reg} <= {baiw,shiw,gew};
```

```
        {baiw,shiw,gew} <= 0;
        BCD_state <= 4;
       end

   2: if (realnumber >= 0 && realnumber <= 9)
      begin
        gew <= realnumber;
        shiw <= gew;
        baiw <= shiw;
        BCD_state <= 3;
      end
  else if(realnumber >= 10 && realnumber <= 14)   //如键入码为操作码,包括等号

       begin
        opcode <= realnumber;
        {baiw_reg,shiw_reg,gew_reg} <= {baiw,shiw,gew};
        {baiw,shiw,gew} <= 0;
        BCD_state <= 4;
       end
   3: if (realnumber >= 10 && realnumber <= 14   )
       begin
            opcode <= realnumber;
            {baiw_reg,shiw_reg,gew_reg} <= {baiw,shiw,gew};
            {baiw,shiw,gew} <= 0;
            BCD_state <= 4;
       end
   4: if (realnumber >= 0 && realnumber <= 9)  //第二个操作数
       begin
            gew <= realnumber;
            BCD_state <= 5;
            opcode_reg <= opcode;
       end
   5: if (realnumber >= 0 && realnumber <= 9)
          begin
            gew <= realnumber;
            shiw <= gew;
            BCD_state <= 6;
            end
     else if(realnumber >= 10 && realnumber <= 14)
             begin
```

```
                opcode <= realnumber;
                {baiw_reg,shiw_reg,gew_reg} <= {baiw,shiw,gew};
                {baiw,shiw,gew} <= 0;
                BCD_state <= 0;
            end

    6:  if (realnumber >= 0 && realnumber <= 9)
            begin
              gew <= realnumber;
              shiw <= gew;
              baiw <= shiw;
              BCD_state <= 7;
            end
            else if(realnumber >= 10 && realnumber <= 14)
            begin
              opcode_reg <= opcode;
              opcode <= realnumber;
              {baiw_reg,shiw_reg,gew_reg} <= {baiw,shiw,gew};
              {baiw,shiw,gew} <= 0;
              BCD_state <= 0;
            end
     7:  if (realnumber >= 10 && realnumber <= 14)
            begin
              opcode_reg <= opcode;
              opcode <= realnumber;
              {baiw_reg,shiw_reg,gew_reg} <= {baiw,shiw,gew};
              {baiw,shiw,gew} <= 0;
              BCD_state <= 0;
            end
      default : BCD_state <= 0;
      endcase

endmodule
```

下面是 testbench。先看一下仿真的结果，然后再进行代码分析：

```
`timescale 10us/10us

module t;

reg clk,rst_n;
reg  [4:0] realnumber;

wire [3:0] gew,
           shiw,
           baiw;
wire [11:0] BCD_code;
wire [3:0]  BCD_state;
wire [3:0]  opcode;

initial
 begin
     clk = 0;
     rst_n  = 0;
     #20 rst_n  = 1;
     #120 rst_n  = 0;
 end

 always #50 clk = ~clk;

initial
 begin
     repeat(50)
      begin
        realnumber = 17;  #5000;
        realnumber = 5;   #1000;
        realnumber = 17;  #5000;
        realnumber = 1;   #1000;
        realnumber = 17;  #5000;
        realnumber = 2;   #1000;
        realnumber = 17;  #5000;
        //----------------------
        realnumber = 10;  #1000;    //加
        realnumber = 17;  #5000;
        //----------------------
        realnumber = 2;   #1000;
        realnumber = 17;  #5000;
        realnumber = 5;   #1000;
```

```
realnumber = 17;  #5000;
realnumber = 6;   #1000;
realnumber = 17;  #5000;
//----------------------
realnumber = 14;  #1000;  // 512 + 256 =
realnumber = 17;  #5000;
//----------------------
realnumber = 3;   #1000;
realnumber = 17;  #5000;
realnumber = 1;   #1000;
realnumber = 17;  #5000;
//----------------------
realnumber = 10;  #1000;  //加
realnumber = 17;  #5000;
//----------------------
realnumber = 2;   #1000;
realnumber = 17;  #5000;
realnumber = 5;   #1000;
realnumber = 17;  #5000;
//----------------------
realnumber = 14;  #1000;  // 31 + 25 =
realnumber = 17;  #5000;
//----------------------
//----------------------
realnumber = 3;   #1000;
realnumber = 17;  #5000;

//----------------------
realnumber = 10;  #1000;  //加
realnumber = 17;  #5000;
//----------------------
realnumber = 6;   #1000;
realnumber = 17;  #5000;

//----------------------
realnumber = 14;  #1000;  //3 + 6 =
realnumber = 17;  #5000;
//----------------------
realnumber = 17;  #5000;
realnumber = 5;   #1000;
realnumber = 17;  #5000;
```

```
        realnumber = 1;    #1000;
        realnumber = 17;   #5000;
        realnumber = 2;    #1000;
        realnumber = 17;   #5000;
        //----------------------
        realnumber = 10;   #1000;   //加
        realnumber = 17;   #5000;
        //----------------------
        realnumber = 2;    #1000;
        realnumber = 17;   #5000;
        realnumber = 5;    #1000;
        realnumber = 17;   #5000;
        //----------------------
        realnumber = 14;   #1000;   // 512 + 25 =
        realnumber = 17;   #5000;
        //----------------------
        realnumber = 2;    #1000;
        realnumber = 17;   #5000;
        realnumber = 5;    #1000;
        realnumber = 17;   #5000;
        //----------------------
        realnumber = 10;   #1000;   //加
        realnumber = 17;   #5000;
        //----------------------
        realnumber = 2;    #1000;
        realnumber = 17;   #5000;
        realnumber = 5;    #1000;
        realnumber = 17;   #5000;
        //----------------------
        realnumber = 6;  #1000;
        realnumber = 17;   #5000;
        //----------------------
        realnumber = 14;    #1000; // 25 + 256 =
        realnumber = 17;   #5000;

      end
      $ stop;
end

gewshiwbaiw m(.clk(clk),
            .rst_n(rst_n),
```

```
                    .realnumber(realnumber),
                    .gew(gew),
                    .shiw(shiw),
                    .baiw(baiw),
                    .BCD_code(BCD_code),
                    .opcode(opcode),
                    .BCD_state(BCD_state));

endmodule
```

仿真波形如图 3-1 所示。

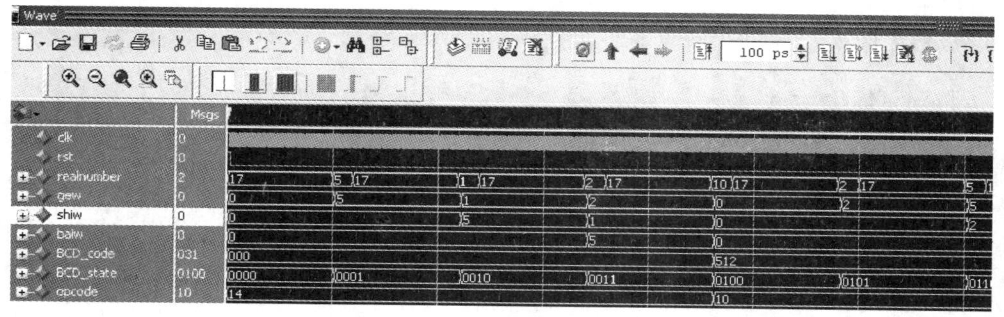

图 3-1　仿真结果

我们关注一下波形中的 gew(个位)、shiw(十位)、baiw(百位)随着 realnumber 变化而变化的过程。一开始 realnumber 为 17(无任何键按下),gew(个位)、shiw(十位)、baiw(百位)都为 0;按下数字 5 后(realnumber 等于 5),gew 变成 5,shiw 和 baiw 不变;接下来 realnumber 又等于 17(表示抬起刚刚按下的按键);之后 realnumber 等于 1(表示再一次按下数字 1 键),刚刚 gew 的数字 5 移到了 shiw,而 gew 变成了刚刚按下的数字 1,以此类推。我们自己规定 realnumber 为 10 表示加号(+),11 代表减号(-),12 代表乘号(×),13 代表除号(÷),14 代表等号(=),这些都可以按照自己的意愿随便定,只要别记混了就好。

通过波形可以看出,输入完第三个数之后,realnumber 输入了加号(realnumber =10),此时 gew、shiw、baiw 变为 0,并且将之前输入的第一个待运算数通过 BCD_code 输出,opcode(运算符)也输出,等待接收第二个待运算数。两个待运算的数和运算符传输给后面的计算模块,就可以得到结果了。关于计算模块我们以后再讨论,先把今天夏老师讲的东西消化一下,经过了这两天读代码的练习,理解起来应该越来越容易了。首先看第一个 always 段:

```
always @(posedge clk)
    if (! rst_n)
    begin
        datacoming_state  <= 0;
        datacoming_flag  <= 0;
    end
    else
      if (realnumber!  = 17)      //若有某个键已被按下
      case(datacoming_state)
       0: begin
            datacoming_flag  <= 1;
            datacoming_state  <= 1;
            end
       1: begin
            datacoming_flag    <= 0;
            datacoming_state  <= 1;
          end
            endcase
            else
            begin
                datacoming_state  <=  0;
                datacoming_flag  <=  0;
            end
```

复位之后把 datacoming_state 和 datacoming_flag 清零，当有任何按键按下时(也就是 realnumber 不为 17)，运行 case 里的代码，使 datacoming_flag 置高，datacoming_state 跳转到 1；下一个时钟到来时，再把 datacoming_flag 拉低。产生的效果就是每当有按键输入，datacoming_flag 会保持一个时钟周期的高电平，作为第二个模块也就是主状态机模块的使能信号，它要告诉状态机，有信号来了，让状态机动一下。没有 datacoming_flag 信号的时候状态机是不工作的。效果如图 3-2 所示。

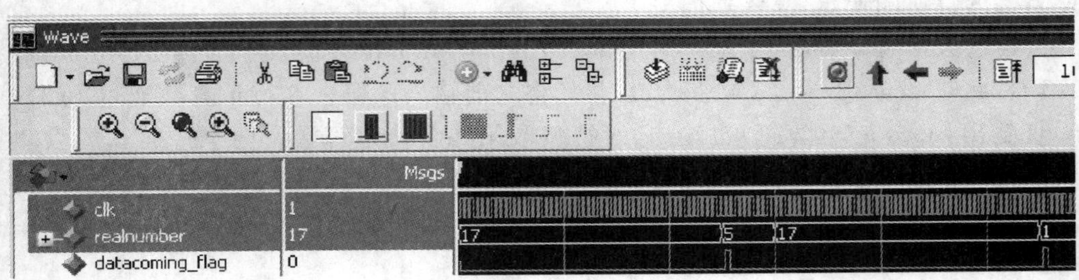

图 3-2　标志位信号

当 realnumber 由 17 变到 5，datacoming_flag 由低变高，保持一个时钟周期之后再变低，以此类推。

```
  always @(posedge clk)
    if (! rst_n)          //复位时给输出赋初值
      begin
        {gew,shiw,baiw} <= 12'b0000_0000_0000;
        {gew_reg,shiw_reg,baiw_reg} <= 12'b0000_0000_0000;
        BCD_state <= 4'b0000;
            opcode <= 14;
            opcode_reg <= 14;
      end
    else if(datacoming_flag)                         //如果有键按下，执行状态机
        case(BCD_state)
      0: if (realnumber >= 0 && realnumber <= 9)     //首先等待第一个数字按键 0～9
         begin
           opcode_reg <= opcode;
           gew <= realnumber;                        //将第一个按键数值赋给个位
           BCD_state <= 1;                           //状态跳转到 1
         end

      1: if(realnumber >= 0 && realnumber <= 9 )     //如果第二个按键还是数字
         begin
           gew <= realnumber;                        //将第二个按键数值赋给个位
           shiw <= gew;                              //同时将之前的个位值移到十位
           BCD_state <= 2;                           //状态跳转到 2
         end
        else if(realnumber >= 10 && realnumber <= 13)
                                                   //如果第二个按键是操作符 + - * /
          begin
           opcode <= realnumber;                     //将操作符记下
           {baiw_reg,shiw_reg,gew_reg} <= {baiw,shiw,gew};
                                                     //将第一个操作数记下
           {baiw,shiw,gew} <= 0;                     //同时清掉之前的操作数
           BCD_state <= 4;                           //状态跳转到 4
          end

      2: if (realnumber >= 0 && realnumber <= 9)     //流程同状态 1
         begin
           gew <= realnumber;
```

```
            shiw <= gew;
            baiw <= shiw;
            BCD_state <= 3;
          end
        else if(realnumber >= 10 && realnumber <= 14)
          begin
            opcode <= realnumber;
            {baiw_reg,shiw_reg,gew_reg} <= {baiw,shiw,gew};
            {baiw,shiw,gew} <= 0;
            BCD_state <= 4;
          end
//由于此代码只支持3位数运算,所以输入3个数字后,只检测运算符,不检测数字
      3: if (realnumber >= 10 && realnumber <= 14   )  //检测按下的运算符
          begin
            opcode <=  realnumber;
            {baiw_reg,shiw_reg,gew_reg} <= {baiw,shiw,gew};
            {baiw,shiw,gew} <= 0;
            BCD_state <= 4;
          end
      4: if (realnumber >= 0 && realnumber <= 9)  //接收第二个操作数
          begin
            gew <=  realnumber;
            BCD_state <= 5;
            opcode_reg <= opcode;
          end
      5: if (realnumber >= 0 && realnumber <= 9) //后面的流程与之前类似
          begin
            gew <= realnumber;
            shiw <= gew;
            BCD_state <= 6;
          end
          else if(realnumber >= 10 && realnumber <= 14)
          begin
            opcode <= realnumber;
            {baiw_reg,shiw_reg,gew_reg} <= {baiw,shiw,gew};
            {baiw,shiw,gew} <= 0;
            BCD_state <= 0;
          end

      6: if (realnumber >= 0 && realnumber <= 9)
```

```
        begin
          gew <= realnumber;
          shiw <= gew;
          baiw <= shiw;
          BCD_state <= 7;
        end
        else if(realnumber >= 10 && realnumber <= 14)
        begin
          opcode_reg <= opcode;
          opcode <= realnumber;
          {baiw_reg,shiw_reg,gew_reg} <= {baiw,shiw,gew};
          {baiw,shiw,gew} <= 0;
          BCD_state <= 0;
        end
      7: if (realnumber >= 10 && realnumber <= 14)
         begin
          opcode_reg <= opcode;
          opcode <= realnumber;
          {baiw_reg,shiw_reg,gew_reg} <= {baiw,shiw,gew};
          {baiw,shiw,gew} <= 0;
          BCD_state <= 0;
         end
      default : BCD_state <= 0;
      endcase
```

根据上述的一些注释，相信大家已经明白了这段代码的作用。夏老师给的是一个示例的代码，只能做3位数的运算，而且每一位都定义了一个变量来保存(gew, shiw, baiw)，如果想扩展位数的话，还得增加变量，并且加入更多的状态，可扩展性不强。所以我打算重写这段代码，去掉每一位的变量，并区分出两个待运算的数，定义第一个操作数为A，第二个操作数为B。这样整个模块的输出就只有A，B和运算符，输入为realnumber。

3.3.2 重写状态机代码

改写后的代码如下：

```
module key2bcd0(clk,real_number,opcode,rst_n,BCDa,BCDb);

    input [4:0] real_number;
    input rst_n,clk;
```

```
output reg [23:0] BCDa,BCDb;
    output reg [3:0] opcode;

    reg [3:0] opcode_reg;
    reg [3:0] state;
    reg datacoming_state,datacoming_flag;


    always @(posedge clk)
    if (! rst_n)
    begin
        datacoming_state <= 0;
        datacoming_flag <= 0;
    end
    else
      if (real_number! = 17)
      case(datacoming_state)
       0: begin
                datacoming_flag <= 1;
                datacoming_state <= 1;
          end
       1: begin
                datacoming_flag <= 0;
                datacoming_state <= 1;
          end
        endcase
        else
        begin
            datacoming_state <= 0;
            state <= 0;
            opcode <= 0;
        end
        else
        if(datacoming_flag)
        begin
            case(state)
             0: case(real_number)     //接收第一个操作数 A
                0,1,2,3,4,5,6,7,8,9:
                 begin
```

```
            BCDa[23:0] <= {BCDa[19:0],real_number[3:0]};
                  state <= 0;
             end
            10,11,12,13:     //如果有运算符按下则状态跳转至状态 1
             begin
            //因为还没有第二个操作数 B,所以此时先记下操作符备用
                opcode_reg <= real_number[3:0];
                      state <= 1;
             end
                  default:    state <= 0;
            endcase

         1: case(real_number)     //接收第二个操作数 B
            0,1,2,3,4,5,6,7,8,9:
            begin
  //已经输入了第二个操作数 B,所以将记下来的运算符输出给计算模块
            opcode <=   opcode_reg;
        BCDb[23:0] <= {BCDb[19:0],real_number[3:0]};
             state <= 1;
             end
 //如果操作符为等于号(=),则这一次计算结束
 //清空操作符,操作数 A 和 B,跳回状态 1
        14: begin
              BCDa <= 0;
              BCDb <= 0;
              opcode <= 0;
              state <= 0;
            end
        default: state <= 1;
        endcase

    default :       state <= 0;
    endcase
   end
 end
endmodule
```

第一个 always 段没有变,还是为状态机提供使能信号,只是状态机进行了重写。我个人认为这个状态机比较容易理解,0 状态为接收第一个操作数 A,直到输入了运算符+,-,*,/,之后再输入数字就是操作数 B,再按下等号就表示这一次运算结束。这样我们就得到了一个可以运算 8 位数的计算器模块。然后将这个模块接到

testbench 上，测试一下。可以直接用夏老师提供的 testbench 文件进行修改。改后的代码如下：

```
`timescale 10us/10us
module key2bcd_tb0;

reg clk,rst_n;
reg   [4:0] realnumber;

//输出变成了 BCDa,BCDb 和 opcode,所以这里需要修改
wire [23:0] BCDa,BCDb;
wire [3:0]  opcode;

initial
 begin
     clk = 0;
     rst_n = 1;
     #20 rst_n = 0;
     #120 rst_n = 1;
 end

 always #50 clk = ~clk;

initial
 begin
     repeat(50)
      begin
         realnumber = 17;   #5000;
         realnumber = 5;    #1000;
         realnumber = 17;   #5000;
         realnumber = 1;    #1000;
         realnumber = 17;   #5000;
         realnumber = 2;    #1000;
         realnumber = 17;   #5000;
         //----------------------
         realnumber = 10;   #1000;  //加
         realnumber = 17;   #5000;
         //----------------------
         realnumber = 2;    #1000;
         realnumber = 17;   #5000;
         realnumber = 5;    #1000;
         realnumber = 17;   #5000;
```

```
realnumber = 6;    ＃1000;
realnumber = 17;   ＃5000;
//----------------------
realnumber = 14;   ＃1000;  // 512 + 256 =
realnumber = 17;   ＃5000;
//----------------------
realnumber = 3;    ＃1000;
realnumber = 17;   ＃5000;
realnumber = 1;    ＃1000;
realnumber = 17;   ＃5000;
//----------------------
realnumber = 10;   ＃1000;  //加
realnumber = 17;   ＃5000;
//----------------------
realnumber = 2;    ＃1000;
realnumber = 17;   ＃5000;
realnumber = 5;    ＃1000;
realnumber = 17;   ＃5000;
//----------------------
realnumber = 14;   ＃1000;  // 31 + 25 =
realnumber = 17;   ＃5000;
//----------------------
 //----------------------
realnumber = 3;    ＃1000;
realnumber = 17;   ＃5000;

//----------------------
realnumber = 10;   ＃1000;  //加
realnumber = 17;   ＃5000;
//----------------------
realnumber = 6;    ＃1000;
realnumber = 17;   ＃5000;

//----------------------
realnumber = 14;   ＃1000;  //3 + 6 =
realnumber = 17;   ＃5000;
//----------------------
realnumber = 17;   ＃5000;
realnumber = 5;    ＃1000;
realnumber = 17;   ＃5000;
realnumber = 1;    ＃1000;
realnumber = 17;   ＃5000;
```

```
        realnumber = 2;   #1000;
        realnumber = 17;  #5000;
        //----------------------
        realnumber = 10;  #1000;  //加
        realnumber = 17;  #5000;
        //----------------------
        realnumber = 2;   #1000;
        realnumber = 17;  #5000;
        realnumber = 5;   #1000;
        realnumber = 17;  #5000;
         //----------------------
        realnumber = 14;  #1000;  // 512 + 25 =
        realnumber = 17;  #5000;
        //----------------------
        realnumber = 2;   #1000;
        realnumber = 17;  #5000;
        realnumber = 5;   #1000;
        realnumber = 17;  #5000;
        //----------------------
        realnumber = 10;  #1000;  //加
        realnumber = 17;  #5000;
        //----------------------
        realnumber = 2;   #1000;
        realnumber = 17;  #5000;
        realnumber = 5;   #1000;
        realnumber = 17;  #5000;
         //----------------------
        realnumber = 6;  #1000;
        realnumber = 17;  #5000;
        //----------------------
        realnumber = 14;    #1000; // 25 + 256 =
        realnumber = 17;  #5000;

       end
       $ stop;
  end

 //模块的实例化和接线重写即可
key2bcd0 key2bcd (
                .clk(clk),
                .real_number(realnumber),
```

```
                    .opcode(opcode),
                    .rst_n(rst_n),
                    .BCDa(BCDa),
                    .BCDb(BCDb)
                    );
endmodule
```

3.3.3　转到 ModelSim 仿真工具进行测试

写好后保存，别忘了在 Settings 进行 Simulation 的设置，设置好后运行 ModelSim，观察如图 3－3 所示波形。

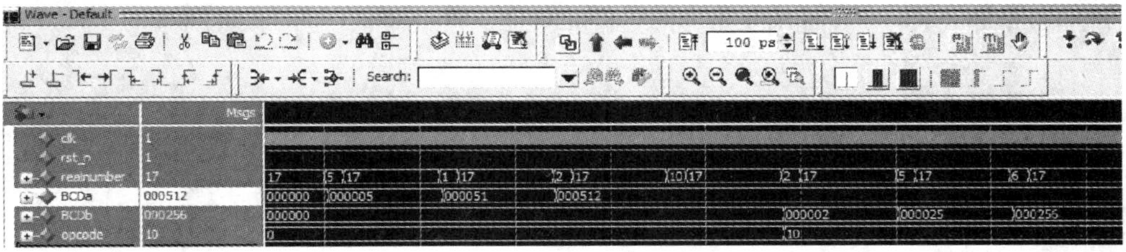

图 3－3　仿真结果

从波形可以看到 BCDa、BCDb 和 opcode 均显示正确。连续按下 5、1、2 后，BCDa 上为 000512，按完加号（realnumber＝10），按的数字保存在了 BCDb 上，同时输出了 opcode。

3.3.4　下载程序到开发板进行调试

仿真通过了，下一步就可以在开发板上看一下效果了。把这个模块放在按键模块和显示模块之间，连接关系如图 3－4 所示。

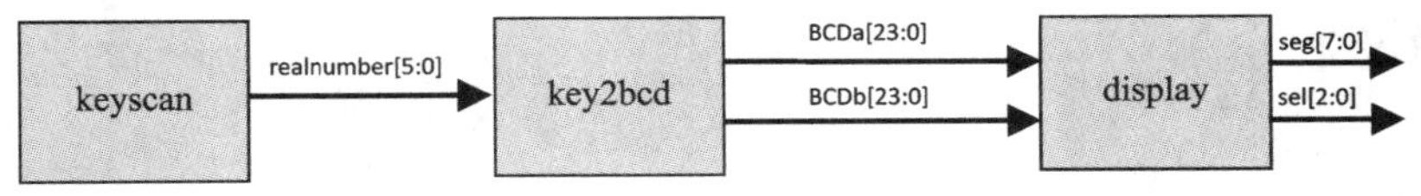

图 3－4　模块连接示意图

这样就得修改一下 display 模块。将输入改为 BCDa 和 BCDb，并加上 sel 的所有情况，同时，我们还得选择到底显示第一个操作数 A，还是第二个操作数 B。可以这样判断，如果 B＝0，则认为还没输入数字 B，所以此时就显示 A。

```
module display3(clk, rst_n, adata, bdata, sel, seg, clk_slow);
                                                    //改动 1:修改模块名与输入
    input clk;
    input rst_n;
//改动 2:将输入接到状态机的输出
    input [23:0] adata,bdata;
    output reg [2:0] sel;
    output reg [7:0] seg;
//改动 3:加入一个中间变量 data
    wire [23:0] data;
    reg [3:0] segdata;
    reg [15:0] cnt;
    output reg clk_slow;
//改动 4:加入一个判断,如果 B 为 0,则输出 A
    assign data = (bdata == 0) ? adata : bdata;
//产生慢时钟
    always @ (posedge clk)
    begin
        if(!rst_n)
        begin
            cnt <= 0;
            clk_slow <= 1;
        end
        else
        begin
            cnt <= cnt + 1;
            clk_slow <= cnt[12];
        end
    end
//扫描数码管
    always @ (posedge clk_slow or negedge rst_n)
    begin
        if(!rst_n)
        begin
            sel <= 0;
        end
        else
        begin
            sel <= sel + 1;
            if (sel >= 5)
                sel <= 0;
```

```
        end
    end
//改动5:将输入的24位数拆成6个数,每4位二进制表示1个十进制数(0~9)
    always @ ( * )
    begin
        if(!rst_n)
        begin
            segdata <= 0;
        end
        else
        begin
           case(sel)
                5:  segdata <= data[3:0];     //个位
                4:  segdata <= data[7:4];     //十位
                3:  segdata <= data[11:8];    //百位
                2:  segdata <= data[15:12];   //千位
                1:  segdata <= data[19:16];   //万位
                0:  segdata <= data[23:20];   //十万位
            default:  segdata <= 0;
           endcase
        end
    end
//改动6:把数字转换成seg对应的组合,注意此时seg判断条件的改变
    always @ ( * )
    begin
        if(!rst_n)
        begin
            seg <= 8'hff;
        end
        else
        begin
          case(segdata)
                0: seg <= 8'b11000000;
                1: seg <= 8'b11111001;
                2: seg <= 8'b10100100;
                3: seg <= 8'b10110000;
                4: seg <= 8'b10011001;
                5: seg <= 8'b10010010;
                6: seg <= 8'b10000010;
                7: seg <= 8'b11111000;
                8: seg <= 8'b10000000;
```

```
                9: seg <= 8'b10010000;
            default: seg <= 8'b11111111;
        endcase
      end
    end

endmodule
```

稍微改动一下之前的代码就可以了，然后把顶层进行修改，包括显示模块接口的变化，并增加了一个新的模块。改后代码如下：

```
module calc1(clk,rst_n,seg,sel,keyin,keyscan);//改动1:模块名
//顶层模块的输入
    input clk, rst_n;
    input [3:0] keyin;
//顶层模块的输出
    output [3:0] keyscan;
    output [2:0] sel;
    output [7:0] seg;
//两个模块之间的连线
    wire clk_slow;
    wire [4:0] real_number;
//改动2:模块连线增加
    wire [23:0] BCDa,BCDb;
    wire [3:0] opcode;
//改动3:显示模块名称与连线
    display3 u1(
                .clk(clk),
                .adata(BCDa),
                .bdata(BCDb),
                .rst_n(rst_n),
                .sel(sel),
                .seg(seg),
                .clk_slow(clk_slow)
                );
//第二天做的按键输入模块
    keyscan0 u2(
                .clk(clk_slow),
                .rst_n(rst_n),
                .keyscan(keyscan),
```

```
                .keyin(keyin),
                .real_number(real_number)
                );
//改动 4:加入今天做的状态机移位模块
    key2bcd0 u3(
                .clk(clk_slow),
                .real_number(real_number),
                .opcode(opcode),
                .rst_n(rst_n),
                .BCDa(BCDa),
                .BCDb(BCDb)
                );
endmodule
```

改好之后进行全编译（按 Ctrl＋L 键），没有错误的话就可以打开 Programmer 将之下载到开发板里了。下载成功之后，如果做一些按键操作，便可看到键入的数字在 LED 数码管上逐位左移，并且在键入操作符后，再按数字键，可在最右边的 LED 数码管上看到新键入的数字，并按照键入顺序，在 LED 管上看到数字的逐位左移。

3.4 今天工作总结

这样我们今天的任务就成功完成了，而且还把夏老师介绍的只能操作 3 位 BCD 数的模块修改为可操作 6 位 BCD 操作数的模块。

回顾一下今天所学到的内容：

1）理解怎样根据电路功能的需求抽象出相应的状态机。

2）用自己独特的思路大胆修改了老师提供的原始状态机，取得了很好的效果。

3）了解多个模块之间的连接关系，利用顶层文件将它们整合。

4）理解 Verilog 数字设计必须掌握硬件结构和部件工作原理的道理。

5）修改了显示模块，使其能通过选择 sel 线的 1/0，选择显示 BCDa 或者 BCDb 中的某一个。

接下来要做的工作就是设计计算模块部分，该模块可根据操作符 opcode 将操作数 A、B 进行运算并输出结果。

3.5 夏老师评述

赵然同学在输入状态机模块的设计中，勇敢开拓，很有创意。他设计的模块吸收了示范程序中所体现的记忆当前操作状态的思想，但他能开动脑筋，大胆改进，编写出有自己特色、性能稳定、功能更强、更加简洁的模块，说明他已经掌握状态机的实质和设计方法，掌握语法的程度也已达到并超过今天的教学要求。

老师建议读者在设计中还可以改进的地方是：当输入操作运算符时，数码显示区应该能显示操作运算符。此时，可以关闭第一个操作数的显示，也可以移位后继续在数码管上显示，直到第二个操作数开始输入后再关闭第一个操作数字和运算符的显示。选用这样的显示方案，对使用者而言，显然更加直观和方便。

通过修改状态机，增加几个控制信号，同一个显示模块只要补充少许硬件部件，如二选一多路器，便可以具有更强大显示功能。设计师必须学会如何利用现成模块，添加一些硬件和控制信号，在状态机的配合下，扩展其功能。数字系统设计的实质就是利用基础组件，通过创造性思维和现场调试，把它们构造成一个更加完整和理想的系统。

第 4 章

第四天——BCD 码与二进制码转换模块的设计

4.1 设计需求讲解

接下来学习计算模块(即算术逻辑单元)的设计。计算模块的输入和输出通常都使用二进制数,而键盘的输入和数码管的显示必须符合人们长期养成的习惯,所以一般都使用 BCD 码。在学习计算模块设计之前必须先解决数制转换的问题。换言之,先把从键盘输入的 BCD 码转换成二进制数,再送入计算模块,运算完毕产生的计算结果是用二进制数表示的,必须转换为 BCD 码后,才能把计算结果正确地显示在 LED 数码管上。所以今天的主要任务是学习数制转换模块的设计:1)编写一个从 BCD 码转换成二进制数的模块;2)编写一个从二进制数转换成 BCD 码的程序。

假如从键盘输入 128,在数码管上显示出一个百位数 128,但在电路内部 12 比特寄存器中保存的键入数码值是 0001_0010_1000,这是用 BCD 码表示的 128,而不是二进制表示的 128,二进制表示的 128 是 0000_1000_0000。因为计算模块只能对二进制数进行运算,所以必须把 BCD 码转换成二进制数,才能送入计算模块进行运算。若需要做的计算是 128×2 = 256,则计算模块的输出的运算结果是二进制数 0001_0000_0000。用数码管显示该计算结果时,必须把 0001_0000_0000 转成 BCD 码的形式,即 0010_0101_0110,才能显示出正确的计算结果 256。

夏老师在课堂上指出,无论是 BCD 码转二进制码,还是二进制码转 BCD 码,都有多种实现方法,有的简单直观,可直接用组合逻辑实现,也可用多个时钟由时序电路实现,但资源消耗和运算速度相差很大。他建议同学们先用最简单的方法实现设计要求的功能,再比较不同方案的优劣,逐步改进。方案的好坏要以工程目标作为衡量标准。只有把性能价格比放在首要考虑的位置,认真权衡得失,才能做出优秀合理的设计。

4.2 BCD 码转二进制码

BCD 码转二进制码的方法有很多，最简单最容易理解的就是，128 的二进制编码＝1×100 ＋ 2×10 ＋ 8×1，也就是个位乘 1，加上十位乘 10，加上百位乘 100，就由 BCD 码转成了二进制码。

夏老师提供了一种用移位进行转换的方法，供大家参考：

```
always @( * )
      begin
        bwValue1  =  bw<<6;
        bwValue2  =  bw<<5 ;
        bwValue3  =  bw<<2 ;
        shiwValue1  =  shiw<<3;
        shiwValue2  =  shiw<<1;
        gewValue     =  gew;
      end

assign binary = bwValue1 + bwValue2 + bwValue3 + shiwValue1 + shiwValue2 + gewVal-
ue;
```

因为向左移位操作，就相当于在做乘法，由于是二进制数，所以每向左移 1 位，就等于原来的数乘 2，所以把一个数乘以 100 就相当于这个数乘 64(左移 6 位)，加上这个数乘 32(左移 5 位)，再加上这个数乘 4(左移 2 位)，效果等同于直接乘以 100。虽然效果一样，但是我们还是要尽可能地多掌握一些方法，这样应用起来才能灵活应变。这里由于我们直接做的 6 位计算器，移起位来比较麻烦，而且会用到很多个加法器，所以为了简单起见，我直接用乘法和加法操作符实现。

昨天做的按键状态机模块输出有 BCDa、BCDb 和 opcode，opcode 直接交给计算模块处理，BCDa 和 BCDb 在计算之前需要进行转换，所以我们这个 BCD 码转二进制码模块的输入为 BCDa 和 BCDb。

4.2.1 BCD 码转二进制码的可综合代码

BCD 码转二进制码的可综合代码如下：

```
module bcd2bin0(BCDa,BCDb,a,b);


input [23:0] BCDa,BCDb;
output [23:0] a,b;
    assign a[23:0]  =  BCDa[23:20] * 100000  +  BCDa[19:16] * 10000  +
                 BCDa[15:12] * 1000  +  BCDa[11:8] * 100  +
```

```
                BCDa[7:4] * 10 + BCDa[3:0];

    assign  b[23:0] = BCDb[23:20] * 100000 + BCDb[19:16] * 10000 +
                      BCDb[15:12] * 1000 + BCDb[11:8] * 100 +
                      BCDb[7:4] * 10 + BCDb[3:0];

endmodule
```

这是一段组合逻辑，没有用到时钟，直接把输入数据进行处理再输出，比较简单。

4.2.2 BCD 码转二进制码模块的测试代码

BCD 码转二进制码的测试代码如下：

```
`timescale 1ms/1ms
module bcd2bin_tb0;

    reg [23:0] BCDa,BCDb;
    wire [23:0] a,b;

    bcd2bin0 u1(   .BCDa(BCDa),
                   .BCDb(BCDb),
                   .a(a),
                   .b(b)
                   );

    initial
    begin
        #0
        BCDa = 24'h111111;
        BCDb = 24'h222222;

        #10
        BCDa = 24'h333333;
        BCDb = 24'h444444;

        #10
        BCDa = 24'h123456;
        BCDb = 24'h654321;

        #10
        BCDa = 24'h128;
        BCDb = 24'h256;
```

```
        #10 $ stop;
    end

endmodule
```

4.2.3　转到 ModelSim 仿真工具进行测试

将 BCD 码转二进制码的测试模块转到 ModelSim 仿真工具进行仿真，得到的仿真波形如图 4-1 所示。

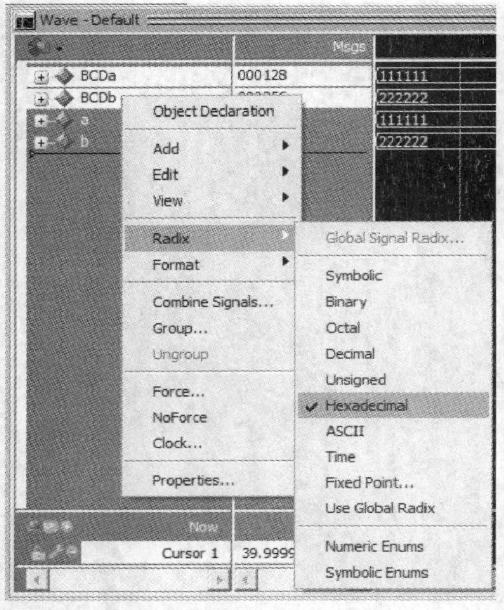

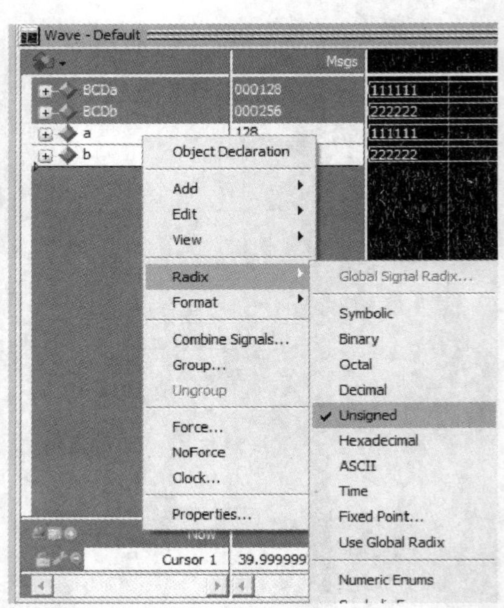

图 4-1　修改数据显示形式

把 BCDa 和 BCDb 用 HEX 显示，a 和 b 用 Unsigned 显示，如果 BCDa 和 a 一样，BCDb 和 b 一样，就说明这个模块具备了 BCD 码转二进制码的功能。

4.2.4　二进制码转 BCD 码的可综合代码

二进制码转 BCD 码的方法也有不少，夏老师提供了一种简单的方法，供大家参考。该方法很容易理解，直接采用比较的方法。以 3 位数为例，如果这个数大于等于 900，那么百位就是 9；否则判断它是否大于等于 800，如果是，则百位是 8，以此类推。

```
module BinarytoBCD(rst,clk,bw,shiw,gew,binary);
input clk,rst;
output [3:0] bw,shiw,gew;
input [9:0] binary;

reg [3:0] bw,shiw,gew;
reg [9:0] temp;

always @( * )
    begin
        if(binary >= 10'd900)
        begin
            bw = 4'd9;
            temp = binary - 10'd900;
        end
        else if (binary >= 800)
        begin
            bw = 4'd8;
            temp = binary - 10'd800;
        end
        else
            if(binary >= 10'd700)
            begin
                bw = 4'd7;
                temp = binary - 10'd700;
            end
            else if (binary >= 10'd600)
                begin
                    bw = 4'd6;
                    temp = binary - 10'd600;
                 end
                else if (binary >= 10'd500)
                begin
                    bw = 4'd5;
                    temp = binary - 10'd500;
                end
                    else if (binary >= 10'd400)
                    begin
                        bw = 4'd4;
                        temp = binary - 10'd400;
                    end
```

```
                            else if (binary >= 10'd300)
                            begin
                                bw = 4'd3;
                                temp = binary - 10'd300;
                            end
                                else if (binary >= 10'd200)
                                 begin
                                    bw = 4'd2;
                                    temp = binary - 10'd200;
                                 end
                                    else if (binary >= 10'd100)
                                    begin
                                        bw = 4'd1;
                                        temp = binary - 10'd100;
                                    end
                                    else
                                    begin
                                        bw = 4'd0;
                                        temp = binary;
                                    end
    end

always @( * )
    begin
    if(temp >= 10'd90)
    begin
      shiw = 4'd9;
      gew   = temp - 10'd90;
    end
    else if (temp >= 10'd80)
    begin
        shiw = 4'd8;
        gew = temp - 10'd80;
    end
    else
        if(temp >= 10'd70)
        begin
            shiw = 4'd7;
            gew = temp - 10'd70;
        end
           else if (temp >= 10'd60)
```

```
            begin
             shiw = 4'd6;
             gew = temp - 10'd60;
            end
                else if (temp >= 50)
                begin
                 shiw = 4'd5;
                 gew = temp - 10'd50;
                end
                 else if (temp >= 10'd40)
                 begin
                   shiw = 4'd4;
                   gew = temp - 10'd40;
                 end
                       else if (temp >= 10'd30)
                       begin
                         shiw = 4'd3;
                         gew = temp - 10'd30;
                       end
                             else if (temp >= 10'd20)
                             begin
                                 shiw = 4'd2;
                                 gew = temp - 10'd20;
                             end
                             else if (temp >= 10'd10)
                             begin
                                 shiw = 4'd1;
                                 gew = temp - 10'd10;
                             end
                             else
                             begin
                                shiw = 4'd0;
                                gew = temp;
                             end


      end

  endmodule
```

代码的思想很容易理解。但是这段代码对于我们要做的6位的计算器,代码量过大,所以大家了解一下即可。为简单起见,我决定采取其他方法。这里提供一个最

直观的方法：假设一个二进制数是 128，我们想分别得到这个数的个位、十位、百位，最简单的方法就是让这个数对 10 求余，结果就是个位，128 余 10 等于 8，所以个位就是 8；将这个数除以 10 后再对 10 求余，结果就是十位，128 除 10 等于 12，再余 10 等于 2，所以十位就是 2；将这个数除以 100 后再对 10 求余，结果就是百位，128 除 100 等于 1，对 10 求余为 1，所以百位是 1。以此类推。所以二进制码转 BCD 码的代码可以这样写：

```
module bin2bcd0(bin,bcd);

    input [23:0] bin;
    output [23:0] bcd;

    assign bcd[23:20] = bin/100000;              //十万位
    assign bcd[19:16] = (bin/10000) % 10;        //万位
    assign bcd[15:12] = (bin/1000) % 10;         //千位
    assign bcd[11:8] = (bin/100) % 10;           //百位
    assign bcd[7:4] = (bin/10) % 10;             //十位
    assign bcd[3:0] = bin % 10;                  //个位

endmodule
```

4.2.5 二进制码转 BCD 码模块的测试

testbench 的代码就不需要再重新写了，因为我们刚刚做好了 BCD 码转二进制码的模块，如果将之与现在这个二进制码转回 BCD 码的模块连在一起，输入一个 BCD 码，输出还是相同值的 BCD 码，就可以验证模块的功能如何了。

```
`timescale 1ms/1ms
module bcd2bin_tb1;//改动 1:修改模块名

    reg [23:0] BCDa,BCDb;
    wire [23:0] a,b;
//改动 2:加入连线
    wire [23:0] BCD;

    bcd2bin0 u1(
                .BCDa(BCDa),
                .BCDb(BCDb),
                .a(a),
```

```
                .b(b)
                );
//改动 3:增加二进制码转 BCD 码模块的联合测试
    bin2bcd0 u2(
                .bin(a),
                .bcd(BCD)
                );

    initial
    begin
        #0
        BCDa = 24'h111111;
        BCDb = 24'h222222;

        #10
        BCDa = 24'h333333;
        BCDb = 24'h444444;

        #10
        BCDa = 24'h123456;
        BCDb = 24'h654321;

        #10
        BCDa = 24'h128;
        BCDb = 24'h256;

        #10 $stop;
    end

endmodule
```

改好了之后，这里要注意，现在 testbench 下面实例化了多个模块，所以要把所有模块添加到 Simulation 设置里，不然 ModelSim 会报出这样的错误：Instantiation of 'bcd2bin' failed. The design unit was not found. 也就是找不到在 testbench 里实例化的那个模块。因此要把用到的所有 .v 文件都添加进去，如图 4-2 所示。

这样设置之后就可以进行仿真了。

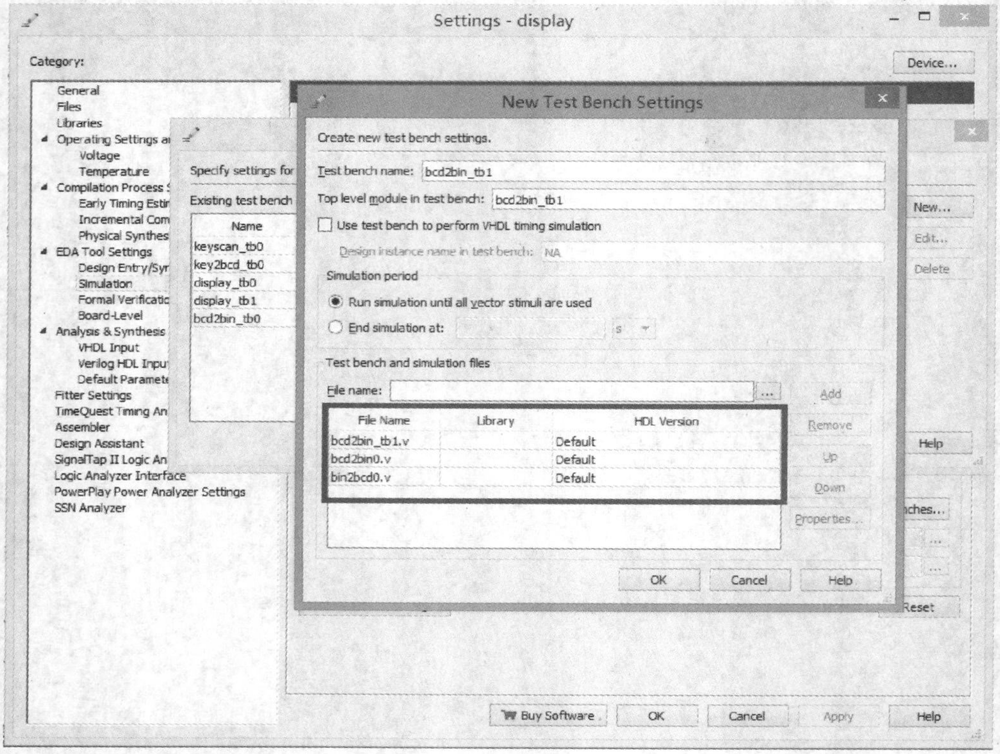

图 4-2　新建仿真设置

4.2.6　转到 ModelSim 仿真工具进行测试

将二进制码转 BCD 码的测试模块转到 ModelSim 仿真工具进行仿真，得到的波形如图 4-3 所示。

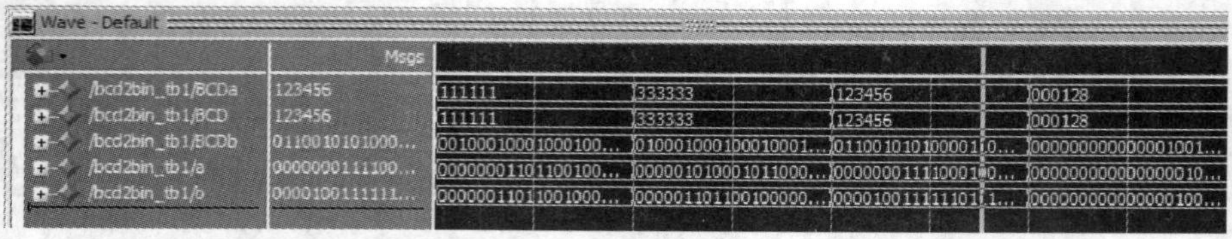

图 4-3　仿真结果

可以看到 BCDa 和 BCD 这两个信号是一样的。看来我们的设计是正确的。那么今天的工作也就完成了。回顾一下，今天了解了 BCD 码与二进制码之间的一些简单的转换，以及将多个模块联合起来仿真时注意要添加所有文件。明天就要完成最后一个小模块了，也就是计算器的计算单元 alu，之后将所有这些模块拼装起来，就可以得到一个实现基本功能的计算器了。

4.3　今天工作总结

回顾一下：

1）了解了 BCD 码与二进制码之间的一些简单的转换。

2）将多个模块联合起来仿真时注意要添加所有文件。

3）功能相同的电路模块，存在很多种实现方法。

4）设计过程就是权衡性/价比、探索优秀设计方案的过程。

按计划，明天开始设计最后一个小模块，也就是计算器的计算单元 alu。之后将所有这些模块拼装起来，就可以得到一个能实现基本功能的计算器了。

4.4　夏老师评述

就赵然同学今天完成的设计而言，数制转换功能确实已实现了，但是在资源消耗方面没有做任何考虑。通过综合器确实能把算术运算操作符转变成能执行相应算术运算功能的逻辑电路，所以语句中的每一个运算符号，都会产生相应的逻辑电路，这样势必浪费很多硬件资源。所以优秀的设计师，必须权衡多方面因素，如运算速度、芯片占用面积等，经过反复比较，最后才决定采取什么方案来实现。当然，在设计工作的前期，直接利用算术运算表达式来实现算术运算是可以的，但必须记住这样做是要付出资源代价的，因此必须在设计的过程中继续改进，直到工程需求目标达到为止。

数制转换在数字系统设计中应用十分广泛。对于嵌入式专用系统而言，工程上常有不同的要求。同学们完全可以利用基本知识，自己动手设计简单的数制转换或数学运算电路。但对于比较复杂的系统，如果需要精度非常高的计算（例如必须使用实数做浮点运算的场合）或者转换的数字位数比较多时，有时候还有转换速度的要求，这一类型的数学计算或数制转换电路需要认真仔细去设计。设计者需要比较不同设计方案综合后生成电路结构的性价比、芯片占用面积、计算速度、功耗等。

对于数字系统工程师而言，利用现成技术资料的能力十分重要。数制转换模块设计属于计算机科学学科算术逻辑分支研究的对象，有专门的数字逻辑专家，研究各种不同复杂数学运算过程的算术逻辑结构。所以在许多设计工具中已有各种档次现成的知识产权模块，供设计者选择。我们在这里安排这样的课堂练习，目的是让同学们熟悉设计工具和基本语法，同时希望大家通过简单的小例子，学习并理解基本数字逻辑电路具有灵活多变的功能，并能理解硬件电路可以完成非常复杂的计算过程。掌握这些知识和方法，有助于我们更主动灵活地解决实际工程中的简单问题。然而，复杂计算问题必须请教数字算术逻辑专家和计算算法科学家，请他们研究逻辑和算法，在此基础上由数字电子系统设计师来设计电路。

第 5 章

第五天——计算模块的设计

5.1 设计需求讲解

今天的设计任务有两项:1)完成计算器中负责二进制四则运算的算术逻辑模块(即alu0)。2)改写计算控制状态机模块(即 key2bcd1)。算术逻辑模块是计算机设计中最后一个小模块。它运行所需的准备工作几乎都是由以前调试通过的模块完成的。操作数 a、b以及操作符 opcode 都可以从键盘输入,并转换为二进制数存入寄存器 A、B。算术逻辑模块 alu0 只需做相应的算术运算即可。

5.2 设计工具使用讲解

我们需要新建一个文件来作为计算模块。

选择 File→New→ Verilog HDL File,如图 5-1 所示,然后单击下面的 OK 按钮。

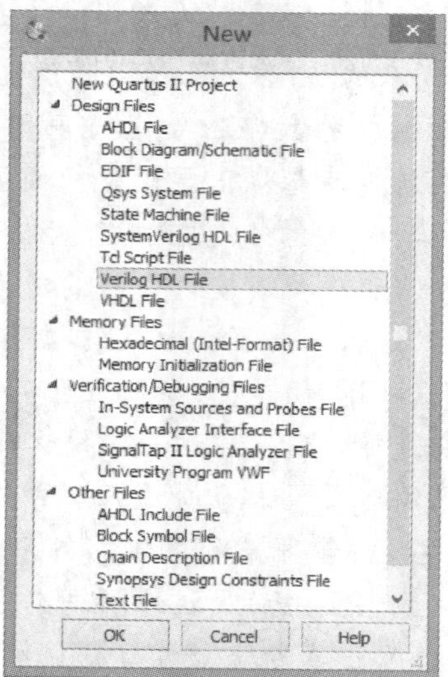

图 5-1 新建文件

5.2.1　计算模块的可综合代码

计算模块的可综合代码如下：

```
module alu0(a, b, clk, rst_n, opcode, bin_data);

    input [23:0] a,b;
    input clk;
    input rst_n;
    input [3:0] opcode;

    output reg [24:0] bin_data;

    always @ (posedge clk or negedge rst_n)
    begin
        if(!rst_n)
        begin
            bin_data <= 0;
        end
        else
        begin
            case(opcode)
                10: begin bin_data <= a + b; end
                11: begin bin_data <= a - b; end
                12: begin bin_data <= a * b; end
                13: begin bin_data <= a / b; end
            endcase
        end
    end

endmodule
```

经过这些天的练习，写起这段代码来一定很轻松了。我们只需要判断 opcode 的值来运行不同的运算即可。

5.2.2　计算模块的测试

计算模块的测试代码如下：

```
`timescale 1ns/1ns
module alu_tb0;
    reg [23:0] a,b;
    reg clk;
    reg rst_n;
```

```
        reg [3:0] opcode;

        wire [23:0] bin_data;

        alu0 u1(.a(a),.opcode(opcode),.b(b),.clk(clk),.rst_n(rst_n),.bin_data(bin_da-
ta));

        initial
        begin
            a = 0;b = 0;rst_n = 0; clk = 1; opcode = 0;     //复位,初始化

            #101 rst_n = 1;                                 //复位结束

            #1000 a = 11;                                   //11 + 2
            opcode = 10;
            b = 2;

            #1000 a = 13;                                   //13 - 3
            opcode = 11;
            b = 3;

            #1000 a = 4;                                    //4  × 5
            opcode = 12;
            b = 5;

            #1000 a = 10;                                   //10  ÷ 2
            opcode = 13;
            b = 2;

            #1000
            $stop;

        end

        always #10 clk = ~clk;

    endmodule
```

因为模块比较简单,逻辑不易出错,所以简单地做一遍测试即可。写好之后将 alu.v 和 alu_tb.v 加入到仿真文件中,如图 5-2 所示。

设置完毕后启动 RTL 仿真。

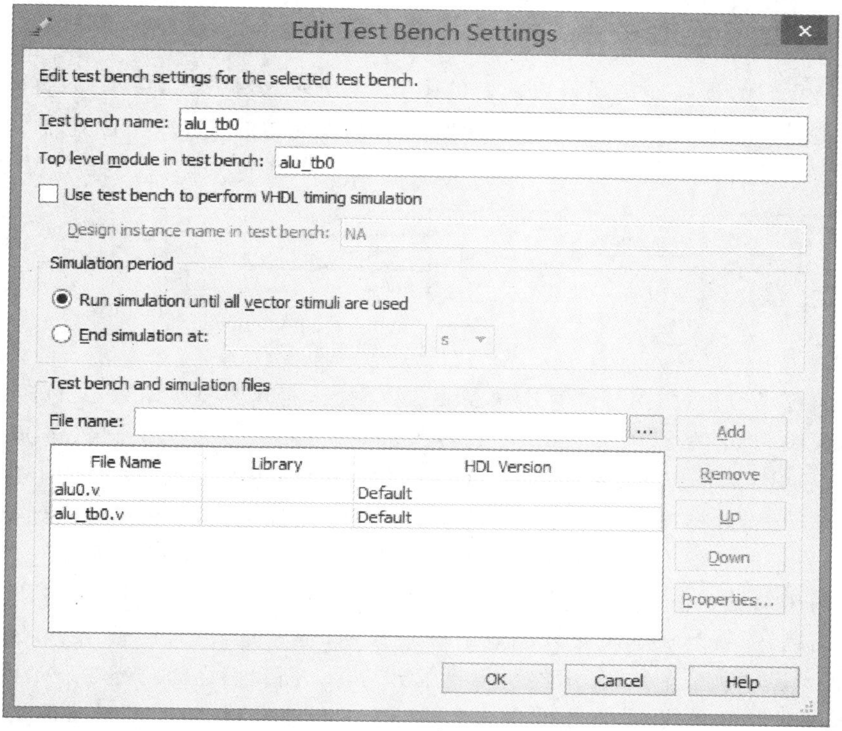

图 5-2　新建仿真设置

5.2.3　转到 ModelSim 仿真工具进行仿真

将计算模块的测试代码转到 ModelSim 仿真工具进行仿真，得到的仿真波形如图 5-3 所示。观察时可以将所有的变量格式设置为 unsigned，以方便观察。

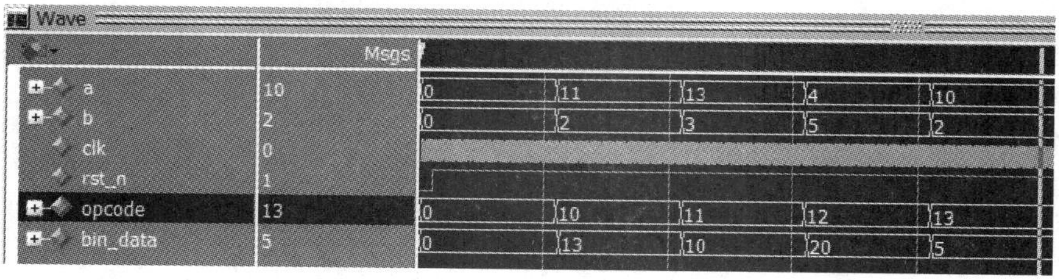

图 5-3　仿真结果

复位后的第一组运算，a 为 11，b 为 2，opcode 为 10（加法），结果 bin_data 输出 13，没有问题。同样，13－3＝10，4×5＝20，10÷2＝5 均运算正确。

5.2.4 模块连接关系

目前我们的顶层连接还是以前做的图 5-4 所示这种形式，后来编写的 BCD 码与二进制码之间的转换模块以及计算模块还都没有添加进去，所以还需修改顶层代码。

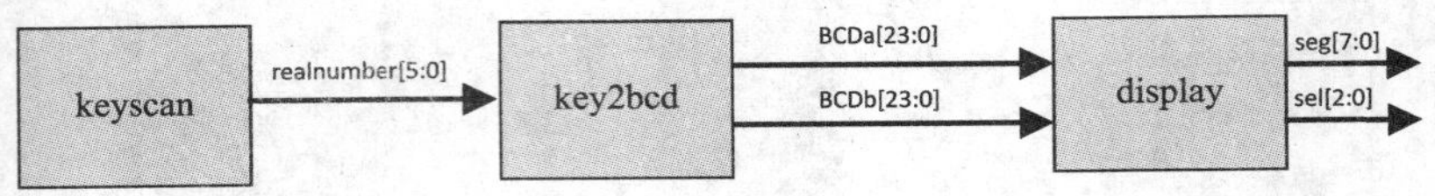

图 5-4 模块连接图

前面曾经讨论过，由于计算模块需要二进制数，而其他模块均以 BCD 码传输，所以计算模块 alu 前后必须紧跟 BCD 码转二进制码模块，以及二进制码转 BCD 码模块。所以把这 3 个模块接在按键转 BCD 码的 key2bcd 模块后面最合适不过了。而值得考虑的是，计算完的结果输出到哪里。这里有两种选择，一种是输出到显示模块 display，另一种是输出到按键转 BCD 码的模块 key2bcd。一般情况下我们会先想到要直接输出到显示模块，这样计算的结果就直接显示出来了。但是这样就又牵扯到另一个问题，那就是显示模块只能输出一个数据，也就是说，只能输出 A，B，或者结果，到底要显示哪一个数，显示模块需要做出判断。而我们之前已经在显示模块里加了判断 A 或者 B 的代码，不如就在这个基础上进行改造，将输出结果赋值给 A 或者 B，这样显示模块就可以不用改动，继续判断 A，B 进行输出即可。而这一做法还有另外一个好处，就是为改进计算器实现连续运算提供了方便。当我们想实现连续运算 A+B+C+D……的时候，不可能会设置 N 多个变量来保存这些操作数，可以将每一步的运算结果赋值回 A，这样就可以简化为用 A 一直与另外一个数 B 进行运算，只需要两个操作数。关于连续运算以后再进行讨论。下面先修改 key2bcd 中的代码。

```
module key2bcd1 (clk,
                 rst_n,
                 real_number,
                 opcode,
                 BCDa,
                 BCDb,
                 result ); //改动 1:模块名,并在输出端口加上计算结果 result


    input [4:0] real_number;
    input rst_n,clk;
//改动 2:加入 result 输入
    input [23:0] result;


    output reg [23:0] BCDa,BCDb;
```

```
output reg [3:0] opcode;

reg [3:0] opcode_reg;
reg [3:0] state;
reg datacoming_state,datacoming_flag;


always @(posedge clk)
if (! rst_n)
begin
    datacoming_state <= 0;
    datacoming_flag <= 0;
end
else
  if (real_number! = 17)
  case(datacoming_state)
   0: begin
            datacoming_flag <= 1;
            datacoming_state <= 1;
      end
   1: begin
            datacoming_flag  <= 0;
            datacoming_state <= 1;
      end
    endcase
    else
    begin
        datacoming_state <= 0;
        datacoming_flag <= 0;
    end

always @ (posedge clk or negedge rst_n)
begin
    if(! rst_n)
    begin
        BCDa <= 0;
        BCDb <= 0;
        state <= 0;
        opcode <= 0;
    end
    else
```

```
        if(datacoming_flag)
        begin
            case(state)
                0:case(real_number)
                    0,1,2,3,4,5,6,7,8,9:
                    begin
                        BCDa[23:0] <= {BCDa[19:0],real_number[3:0]};
                        state <= 0;
                    end
                    10,11,12,13:
                    begin
                        opcode_reg <= real_number[3:0];
                        state <= 1;
                    end
                    default:state <= 0;
                    endcase

                1:  case(real_number)
                    0,1,2,3,4,5,6,7,8,9:
                    begin
                        opcode <= opcode_reg;
                        BCDb[23:0] <= {BCDb[19:0],real_number[3:0]};
                        state <= 1;
                    end
                    14:
                    begin
                        BCDa <= result;     //在按完等号之后将结果赋值给 A
                        BCDb <= 0;          //同时清空 B 的值,数码管就可以显示 A
                        opcode <= 0;
                        state <= 2;
                    end
                    default:state <= 1;
                    endcase
//改动 3:加上一个状态,表示上一次运算结束后,重新输入数值 A 时,不会受到运算结果的
        //影响
                2:    case(real_number)
                    0,1,2,3,4,5,6,7,8,9:
                    begin
                        BCDa <= real_number;
```

```
                    state <= 0;  //输入完一位数后,状态跳回 0,便又可以移位
                                 //显示
                end
                10,11,12,13:
                begin
                    opcode_reg <= real_number[3:0];
                    state <= 1;
                end
                default:state <= 2;
                endcase
            default : state <= 0;
        endcase
    end
  end
endmodule
```

同时,顶层模块的连接关系也就产生了,如图 5-5 所示。

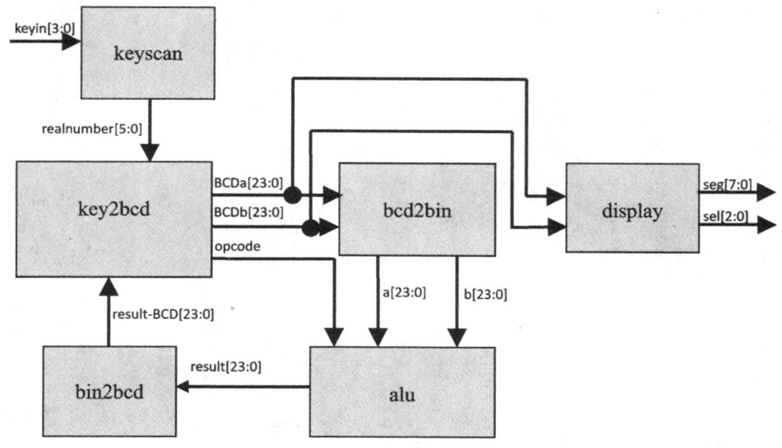

图 5-5　模块连接图

按照这个连接关系把可综合顶层修改如下:

```
module calc2(clk,rst_n,seg,sel,keyin,keyscan);//改动 1:模块名

    input clk, rst_n;
    input [3:0] keyin;

    output [3:0] keyscan;
    output [2:0] sel;
    output [7:0] seg;
```

```
    wire clk_slow;
    wire [4:0] real_number;
//改动 2:增加连线
    wire [23:0] BCDa,BCDb,a,b,bin_data,result;
    wire [3:0] opcode;


    display3 u1(
                .clk(clk),
                .adata(BCDa),
                .bdata(BCDb),
                .rst_n(rst_n),
                .sel(sel),
                .seg(seg),
                .clk_slow(clk_slow)
                );

    keyscan0 u2(
                .clk(clk_slow),
                .rst_n(rst_n),
                .keyscan(keyscan),
                .keyin(keyin),
                .real_number(real_number)
                );
//改动 3:修改状态机模块名称与接口
    key2bcd1 u3(
                .clk(clk_slow),
                .real_number(real_number),
                .opcode(opcode),
                .rst_n(rst_n),
                .BCDa(BCDa),
                .BCDb(BCDb),
                .result(result)
                );
//改动 4:加入以下 3 个新模块
    bcd2bin0 u4(
                .BCDa(BCDa),
                .BCDb(BCDb),
                .a(a),
                .b(b)
                );
```

```
    bin2bcd0 u5(
                .bin(bin_data),
                .bcd(result)
                );

    alu0 u6(
            .a(a),
            .b(b),
            .clk(clk_slow),
            .rst_n(rst_n),
            .opcode(opcode),
            .bin_data(bin_data)
            );

endmodule
```

写好之后将 calc2 模块设置为顶层，然后进行分析综合。通过之后可以单击 RTL Viewer 看一下综合后各个模块的连接关系，是否和之前设想的一样，如图 5－6 所示，在 Analysis & Synthesis 下找到 RTL Viewer，双击即可。

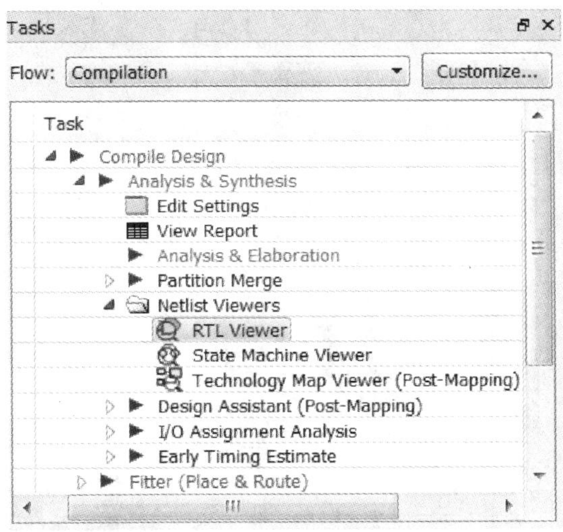

图 5－6　打开 RTL 视图

打开之后会弹出如图 5－7 所示窗口，里面绘制了各个模块之间的连线和输入输出端口。

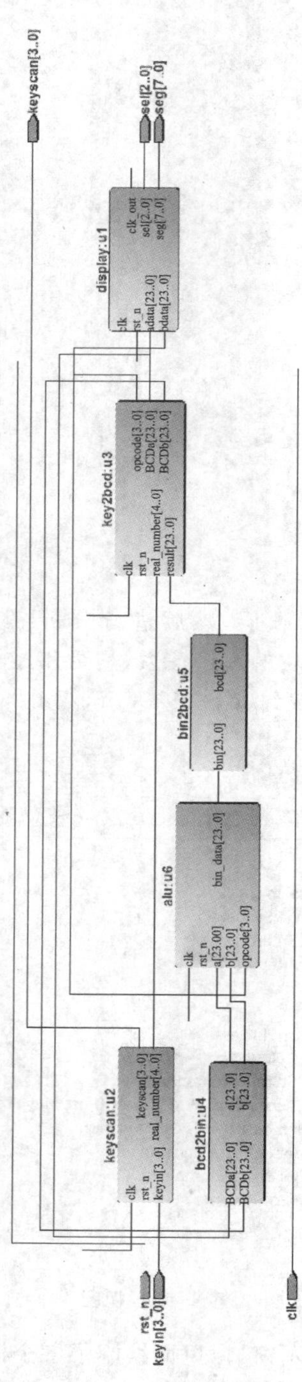
keyscan[3..0]
sel[2..0]
seg[7..0]
display:u1
clk
rst_n
adata[23..0]
bdata[23..0]
clk_out
sel[2..0]
seg[7..0]
key2bcd:u3
clk
rst_n
real_number[4..0]
result[23..0]
opcode[3..0]
BCDa[23..0]
BCDb[23..0]
bin2bcd:u5
bin[23..0]
bcd[23..0]
alu:u6
clk
rst_n
a[23..0]
b[23..0]
opcode[3..0]
bin_data[23..0]
keyscan:u2
clk
rst_n
keyin[3..0]
keyscan[3..0]
real_number[4..0]
bcd2bin:u4
BCDa[23..0]
BCDb[23..0]
a[23..0]
b[23..0]
rst_n
keyin[3..0]
clk

图5-7 RTL模型图

可以看出，程序综合出了我们想要的模块连接。接下来可以进行全编译，然后将代码下载到开发板里了。

5.2.5　下载程序到开发板进行调试

由于之前已经将引脚分配好了，所以等待编译成功之后，打开 Programmer 直接下载程序即可。下载成功后，初始状态数码管显示 6 个 0，顺序输入数字、操作符、数字、等号，即可得到正确的结果，继续按下数字或者操作符，可以进行下一次运算。

5.3　今天工作总结

经过 5 天的努力，终于完成了可以实现基本功能的 6 位计算器了，赶快享受一下劳动成果吧！

今天通过上机仿真，不断地代码修改，逐步掌握了电路构造的思想，理解了模块划分、逐块调试和整合调试的概念。回顾一下今天所做的工作和学到的内容，总结如下：

1）计算模块及其测试代码的编写。

2）多个模块之间数据和控制连接的思路。

3）通过观察 RTL Viewer 学会如何查看综合生成的逻辑电路。

4）修改了 key2bcd 模块，增加了一个运算结果输入接口。

5）通过 result 接口，可将运算结果 result 从 binary2bcd 模块输出至 key2bcd 模块中的 BCDa 寄存器，直接输出到 display 模块显示。

到此为止，我已达到了夏老师提出的最基本要求。从明天开始，要对这个计算器进行改进，包括占用逻辑资源的优化、运算功能的添加、显示效果的美化(消去有效数字前面的 0)、连续运算等。

5.4　夏老师评述

赵然同学今天完成的工作非常出色，计算器四则运算的功能基本实现了。当然在资源消耗方面尚未做深入思考。他之所以能顺利地完成今天的工作，跟他前四天的工作基础是不能分割的。今天通过综合和布局布线后下载的模块 calc2 中，大部分模块是前几天经过测试成熟的模块。键盘扫描分析模块 keyscan0 不用做任何修改，显示模块 display3、数制转换模块 bcd2bin0 和 bin2bcd0 也不用做任何修改，计算模块 alu0 与教材上的例子相似；计算控制状态机 key2bcd1 是在第三天编写的 key2bcd0 基础上修改的。该模块是赵然同学在彻底理解了老师课堂上介绍的 gewshiwbaiw 模块原理的基础上，自己动手编写的。key2bcd1 模块思路巧妙，可以实现连续计算操作。该计算控制状态机的成功是赵然同学今天工作顺利的主要原因。首先他把数字0～9的输入和四则运算操作符号的输入分别用不同的状态记录，他还把等号的输入与四则运算操作符、0～9数字的输入区分开，用不同状态记录，以此来管理参与运算数据的位数确定、中间结果的寄存和最后运算结果的确认。最后他还把计算结果输入到该状态机中的BCDa寄存器，使得显示模块不必做任何修改，而且还能实现连续计算，一箭双雕。他之所以能写出这个状态机，与他勤于思考，较深刻地理解状态的含义和状态在控制中的作用有关，也跟他敢于实践、勇于尝试新的途径、不怕失败、相信自己有关。

第 6 章

第六天——可进行连续运算的状态机改进

6.1 设计需求讲解

从今天起，就要开始对已经完成的计算器进行改进和优化。夏老师向我们提出了连续运算的要求，在键盘上以任意的数字和操作符组合，都不会锁死，并且计算出正确的结果(不包括数值溢出)。也就是说，状态机要很稳定，可以应对各种按键情况，且不会跳错状态。

6.2 状态机设计讲解

读者之前通过阅读代码或者自己编写都接触到了一些简单的状态机，对状态机也有了一定的了解，在此基础上，本节将更详细地介绍一下状态机，相信会对读者以后编写时序逻辑的代码时会非常有帮助，毕竟状态机是复杂时序逻辑设计的核心内容。

6.2.1 状态机的编码形式

状态机编码有 gray、binary、one - hot 等，其中 binary、gray - code 编码使用较少的触发器，较多的组合逻辑。而 one - hot 编码则反之。几种状态编码的比较如下：

1. 枚举类型定义状态值

设计中状态机的状态值定义为枚举类型，综合时一般转换为二进制的序列，因此与二进制编码方式本质上是相同的。实际需要触发器的数目为实际状态的以 2 为底的对数。这种编码方式最为简单，综合后寄存器用量较少，剩余状态最少，其综合效率和电路速度在一定程度上将会得到提高。但在状态转换过程中，状态寄存器的高位翻转和低位翻转时间是不一致的，这样就会出现过渡状态，若状态机的状态值更多的话，产生过渡状态的概率更大。因此适合复杂度较低的设计。

2. 格雷码表示状态值

格雷码编码，即相邻两个状态的编码只有一位不同，这使得采用格雷码表示状态值的状态机，可以较大程度上消除由传输延时引起的过渡状态。该方式使得各相邻状态在跳转时，状态值只有一位变化，降低了产生过渡状态的概率，但当状态转换有多种路径时，就无法保证状态跳转时只有一位变化。所以在一定程度上，格雷码编码是二进制的一种变形，总体思想是一致的。

3. "one-hot"(又称为"独热码")状态值编码

one-hot 编码方式是使用 N 个触发器来实现 N 个状态的状态机，每个状态都由一个触发器表示，在任意时刻，其中只有 1 位有效，该位也称为"hot"，触发器为"1"，其余的触发器置"0"。这种结构的状态机其稳定性优于一般结构的状态机，但是它占用的资源更多。其简单的编码方式简化了状态译码逻辑，提高了状态转换速度，适合于在 FPGA 中应用。

由于 CPLD 更多地提供组合逻辑资源，而 FPGA 更多地提供触发器资源，所以 CPLD 多使用 gray-code(又称"格雷码")，而 FPGA 多使用 one-hot 编码。另一方面，对于小型设计使用格雷码和二进制编码更有效，而大型状态机使用独热码更高效。推荐在 24 个状态以上用格雷码，在 5～24 个状态用独热码，在 4 个状态以内用二进制码。独热码肯定比二进制码在实现状态机部分会占更多资源，但是译码输出控制简单，所以如果状态不是太多，独热码较好；状态较少时译码不会太复杂，二进制就可以了；状态太多，前面独热码所占资源太多，综合考虑就用格雷码了。

6.2.2 状态机的分类

理论上讲，状态机可以分为 Moore 状态机和 Mealy 状态机两大类。它们之间的差异仅在于如何生成状态机的输出。Moore 状态机的输出仅为当前状态的函数，比如在 keyscan 中：

```
case(four_state)   //one - hot 编码
      4'b0000: begin  AnyKeyPressed <= ~OK ;  four_state <= 4'b0001; end
      4'b0001: begin  AnyKeyPressed <= ~OK ;  four_state <= 4'b0010; end
      4'b0010: begin  AnyKeyPressed <= ~OK ;  four_state <= 4'b0100; end
      4'b0100: begin  AnyKeyPressed <= ~OK ;  four_state <= 4'b1000; end
4'b1000: begin  AnyKeyPressed <= ~NO ;   end
default: AnyKeyPressed <= ~NO ;
```

该状态机的输出为 AnyKeyPressed，而 AnyKeyPressed 在输出时只与状态有关。

而 Mealy 状态机的输出是当前状态和输入的函数，同样在 keyscan 中也有体现：

```
case (state)    //binary 编码(最好使用 one-hot 编码,此处是为方便初学者理解)
4'd0: begin
        number_reg1 <= number_reg;
        state <= 4'd1;
      end
4'd1: begin
        if(number_reg == number_reg1)
            state <= 4'd2;
        else
            state <= 4'd0;
      end
4'd2: begin
        if (number_reg == number_reg1)
            state <= 4'd3;
        else
            state <= 4'd0;
      end
4'd3: begin
            if (number_reg == number_reg1)
                state <= 4'd4;
            else
                state <= 4'd0;
      end
4'd4: begin
             if(number_reg == number_reg1)
                state <= 4'd5;
             else
                state <= 4'd0;
      end
4'd5: begin
        if(number_reg == number_reg1)
            state <= 4'd6;
        else
            state <= 4'd0;
      end
4'd6: begin
        if (number_reg == number_reg1)
            state <= 4'd7;
```

```
            else
                state <= 4'd0;
        end
    4'd7: begin
            if (number_reg == number_reg1)
                state <= 4'd8;
            else
                state <= 4'd0;
        end
    4'd8: begin
            if (number_reg == number_reg1)
                state <= 4'd9;
            else
                state <= 4'd0;
        end
    4'd9: begin
            if(number_reg == number_reg1)
                state <= 4'd10;
            else
                state <= 4'd0;
        end
    4'd10: begin
            if (number_reg == number_reg1)
                state <= 4'd11;
            else
                state <= 4'd0;
        end
    4'd11: begin
            if (number_reg == number_reg1)
                state <= 4'd12;
            else
                state <= 4'd0;
        end
    4'd12: begin
            if(number_reg == number_reg1)
                state <= 4'd13;
            else
                state <= 4'd0;
```

```
        end
    4'd13: begin
              if (number_reg == number_reg1)
                    state <= 4'd14;
              else
                   state <= 4'd0;
          end
    4'd14: begin
              if (number_reg == number_reg1)
               state <= 4'd15;
              else
               state <= 4'd0;
          end
    4'd15: begin
              if (number_reg == number_reg1 )
                  begin
                      state <= 4'd0;
                      real_number <= number_reg;      //状态机输出
                  end
              else
                          state <= 4'b0000;
          end
      default:   state <= 4'b0000;
      endcase
```

这段状态机的输出是 real_number，是在第 15 个状态输出的，输出时不仅与当前状态有关系，并且与状态机的输入 number_reg 有关系，所以为 Mealy 机。简单地区分，就是状态机的输出如果由 if 语句判断的结果来控制则为 Mealy 机，否则为 Moore 机。

第二段 Mealy 机代码也可以改成 Moore 机的代码，只需改变一下状态 15，并加入一个新状态即可：

```
    4'd15: begin
              if (number_reg == number_reg1)
               state <= 4'd16;
              else
               state <= 4'd0;
          end
    4'd16: begin
```

```
            state <= 4'd0;
            real_number <= number_reg;      //状态机输出
        end
```

此时状态机的输出只与状态有关,与输入无关,变为了 Moore 机。

选择 Moore 状态机还是 Mealy 状态机,取决于状态机需要实现的功能,以及特定的反应次数要求。两种状态机之间的最大差别在于状态机如何对输入做出反应。在输入和设置的适当输出之间,Moore 状态机一般有一个时钟周期的延迟(从刚刚的修改即可看出)。这就意味着 Moore 状态机无法对输入变化立即做出反应,而 Mealy 状态机则能,这也意味着:实现相同的函数,Mealy 状态机比 Moore 状态机需要更少的状态。Mealy 状态机的不足之处就是在与另一个状态机进行通信时,如果输出出乎意料地严重依赖于其他事件的序列或时序,就可能会发生紊乱情况。

6.2.3 状态转移图(STD)

在进行复杂状态机设计之前,最好先绘制一张状态转移图,除非你对自己的大脑足够自信,否则会被自己设计状态机的状态跳转搞晕。因为同样是状态的跳转,图片看起来总比一堆代码更直观并且思路清晰。

下面以我们的目标——可连续计算的状态机为例,来练习状态转移图的绘制。

RST:在复位状态下,状态机内所有变量赋初始值,并跳至状态 S0 等待用户输入。

S0:该状态接收操作数 A,如果输入为数字则使 A 移位保存,并在该状态等待;如果输入是运算符则记下该操作符,并跳转至状态 S1 等待接收操作数 B。

S1:该状态接收操作数 B,如果输入为数字则使 B 移位保存,并在该状态等待,同时将 opcode 输出;如果输入是运算符则记下该操作符,因为连续输入了操作符,所以此时如果 B 不为 0,则认为即将进入连续运算状态,跳至状态 S3,同时将运算结果赋值给操作数 A,将 B 清空(这样做既能将结果显示到数码管上,又可以为下一次运算做准备);如果输入是等号则表示此次运算结束,进入状态 S2 等待判断下一次运算是否与本次有关系。

S2:该状态判断下一次运算是否与本次结果有关,如果此时输入为数字,则表示重新进行运算,状态跳回 S0;如果输入为运算符,则表示结果要参与运算,将结果赋值给操作数 A,状态转至 S1,等待接收操作数 B。

S3:连续运算状态。此时按下的是数字,则为操作数 B,将数值赋值给 B 并跳转至状态 S1,同时输出运算符 opcode;如果此时按下的是运算符,记下操作符,在此状态等待(用 opcode_reg 来保存运算符而不是直接输出,后一次输入的运算符会覆盖前一次输入的运算符,只要不输入数字,运算符 opcode 都是无效的。这样做是为了防止误输入运算符,按错之后重新输入正确运算符即可)。

思路理清之后,将状态转移图画出,如图 6-1 所示。

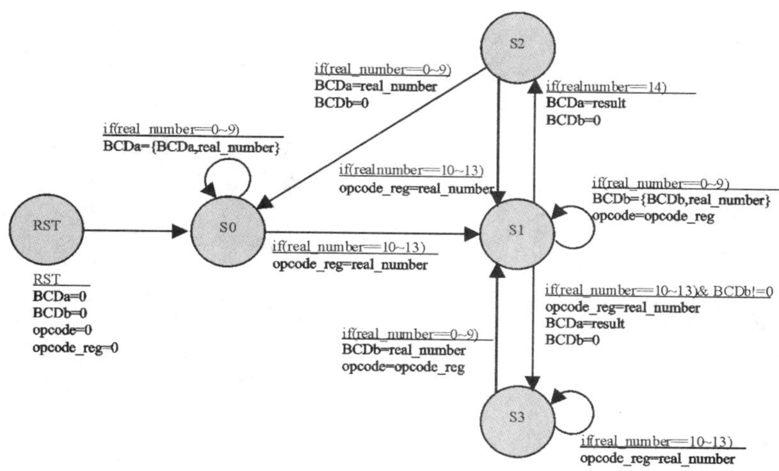

图 6-1　状态转移图

圆圈表示状态，箭头表示状态之间的跳转，描述中横线以上代表条件，横线以下代表状态机的输出，可以看出这是一个 Mealy 机，因为输出跟输入有关。

6.3　设计工具使用讲解

6.3.1　状态机模块的可综合代码

根据状态转移图很容易就能把代码写出来。打开文件 key2bcd1.v，将状态机进行重写，并保存为 key2bcd2：

```
module key2bcd2 (clk,
              rst_n,
              real_number,
              opcode,
              BCDa,
              BCDb,
              result ); //改动 1:修改模块名

    input [4:0] real_number;
    input rst_n,clk;
    input [23:0] result;

    output reg [23:0] BCDa,BCDb;
    output reg [3:0] opcode;
```

```
reg [3:0] opcode_reg;
reg [3:0] state;
reg datacoming_state,datacoming_flag;


always @(posedge clk)
if (! rst_n)
begin
    datacoming_state <= 0;
    datacoming_flag <= 0;
end
else
  if (real_number! = 17)
  case(datacoming_state)
   0: begin
            datacoming_flag <= 1;
            datacoming_state <= 1;
      end
   1: begin
            datacoming_flag   <= 0;
            datacoming_state <= 1;
      end
    endcase
    else
    begin
        datacoming_state <= 0;
        datacoming_flag <= 0;
    end
//改动 2:状态机修改
  always @ (posedge clk or negedge rst_n)
  begin
      if(! rst_n)
      begin
          BCDa <= 0;
          BCDb <= 0;
          state <= 0;
          opcode <= 0;
      end
      else
      if(datacoming_flag)
```

```
begin
    case(state)
        0: case(real_number)
            0,1,2,3,4,5,6,7,8,9:
            begin
                BCDa[23:0] <= {BCDa[19:0],real_number[3:0]};
                state <= 0;
            end
            10,11,12,13:
            begin
                opcode_reg <= real_number[3:0];
                state <= 1;
            end
            default:state <= 0;
            endcase

        1: case(real_number)
            0,1,2,3,4,5,6,7,8,9:
            begin
                opcode <= opcode_reg;
                BCDb[23:0] <= {BCDb[19:0],real_number[3:0]};
                state <= 1;
            end
            10,11,12,13:
                    //如果继续有运算符且 B 不为 0 则为连续运算操作,至状态 3
            if(BCDb! = 0)
            begin
                opcode_reg <= real_number[3:0];
                state <= 3;
                BCDb <= 0;
                BCDa <= result;
            end
            else
            begin
                state <= 1;
                opcode_reg <= real_number[3:0];
            end
            14:
            begin
                BCDa <= result;      //在按完等号之后将结果赋值给 A
                BCDb <= 0;           //同时清空 B 的值,数码管就可以显示 A
```

```
            state <= 2;
        end
        default:state <= 1;
        endcase

    2: case(real_number)      //此状态判断下一次运算是否与结果有关
        0,1,2,3,4,5,6,7,8,9:
                         //如果输入为数字,则认为是重新运算,回至状态 0
        begin
            BCDa <= real_number;
            BCDb <= 0;
            state <= 0;
        end
        10,11,12,13:
          //如果继续有运算符输入,则下一次输入将是操作数 B,状态跳至 1
        begin
            opcode_reg <= real_number[3:0];
            state <= 1;
        end
        default:state <= 2;
        endcase

    3: case(real_number)      //连续运算状态
        0,1,2,3,4,5,6,7,8,9:       //因为在连续运算中,所以此时输入的数
                                   字为第二个
                                   //操作数,所以跳至状态 1
        begin
            BCDb <= real_number;
            state <= 1;
            opcode <= opcode_reg;
        end
        10,11,12,13:
        begin
            opcode_reg <= real_number[3:0];
            state <= 3;
        end
        default:state <= 3;
        endcase

    default : state <= 0;
endcase
```

```
        end
    end

endmodule
```

写好后保存，分析综合一下。通过之后可以在任务中找到综合器分析出代码里的状态机。

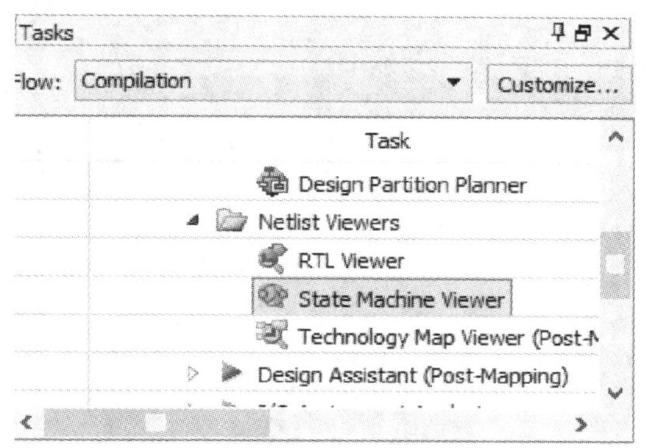

图 6-2　查看状态图

在 Tasks 中找到 State Machine Viewer（见图 6-2），双击它，即可打开状态机视图（见图 6-3）。

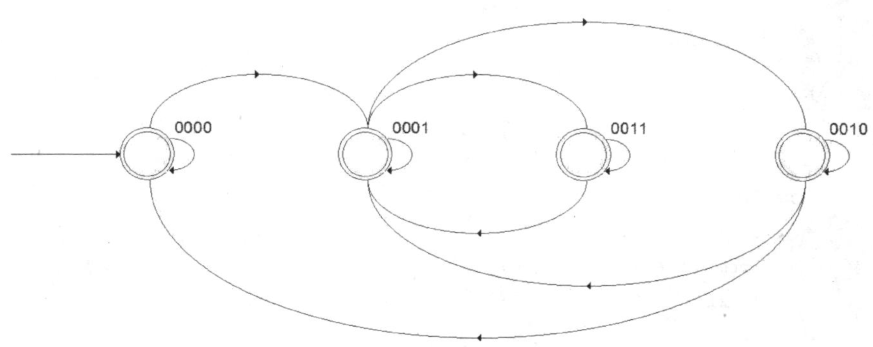

图 6-3　状态图

图中有相应的状态转移描述，我们不用太关心，只要看到这几个状态之间跳转的关系基本上没有问题就好。

6.3.2　状态机模块的测试

因为状态机中有计算结果 result 的反馈，所以测试的时候要加入 alu 模块，同时

不要忘了 alu 带的两个转换模块：BCD 转二进制、二进制转 BCD 模块。

```
`timescale 10us/10us

module key2bcd_tb1; //改动 1:修改模块名

reg clk,rst_n;
reg   [4:0] realnumber;

//改动 2:加入新连线
wire [23:0] BCDa,BCDb,a,b,bin_data,result;
wire [3:0]  opcode;

initial
 begin
    clk = 0;
    rst_n = 1;
    #20 rst_n = 0;
    #120 rst_n = 1;
 end

 always #50 clk = ~clk;

initial
 begin
    repeat(50)
    begin
        realnumber = 17;  #5000;
        realnumber = 5;   #1000;
        realnumber = 17;  #5000;
        realnumber = 1;   #1000;
        realnumber = 17;  #5000;
        realnumber = 2;   #1000;
        realnumber = 17;  #5000;
        //------------------------
        realnumber = 10;  #1000;  //512 +
        realnumber = 17;  #5000;
        //------------------------
        realnumber = 2;   #1000;
        realnumber = 17;  #5000;
        realnumber = 5;   #1000;
        realnumber = 17;  #5000;
```

```
        realnumber = 6;    #1000;
        realnumber = 17;   #5000;
        //----------------------
        realnumber = 11;   #1000;   // 512 + 256 -
        realnumber = 17;   #5000;
        //----------------------
        realnumber = 3;    #1000;
        realnumber = 17;   #5000;
        realnumber = 1;    #1000;
        realnumber = 17;   #5000;
        //----------------------
        realnumber = 12;   #1000;   //乘
        realnumber = 17;   #5000;
        //----------------------
        realnumber = 2;    #1000;
        realnumber = 17;   #5000;
        //----------------------
        realnumber = 14;   #1000;   // 512 + 256 - 31 * 2 =
        realnumber = 17;   #5000;
        //----------------------
        end
        $stop;
  end
    key2bcd2 u1(
    .clk(clk),
    .real_number(realnumber),
    .opcode(opcode),
    .rst_n(rst_n),
    .BCDa(BCDa),
    .BCDb(BCDb),
    .result(result)
    );
//改动 3:加入二进制码和 BCD 码的相互转换模块与计算模块
    bcd2bin0 u2(
                .BCDa(BCDa),
                .BCDb(BCDb),
                .a(a),
                .b(b)
                );

    bin2bcd0 u3(
```

```
                .bin(bin_data),
                .bcd(result)
                );

     alu0 u4(
            .a(a),
            .b(b),
            .clk(clk),
            .rst_n(rst_n),
            .opcode(opcode),
            .bin_data(bin_data)
            );

endmodule
```

写好 testbench 之后进行设置，记得要把所有的模块都添加进去，如图 6-4 所示。

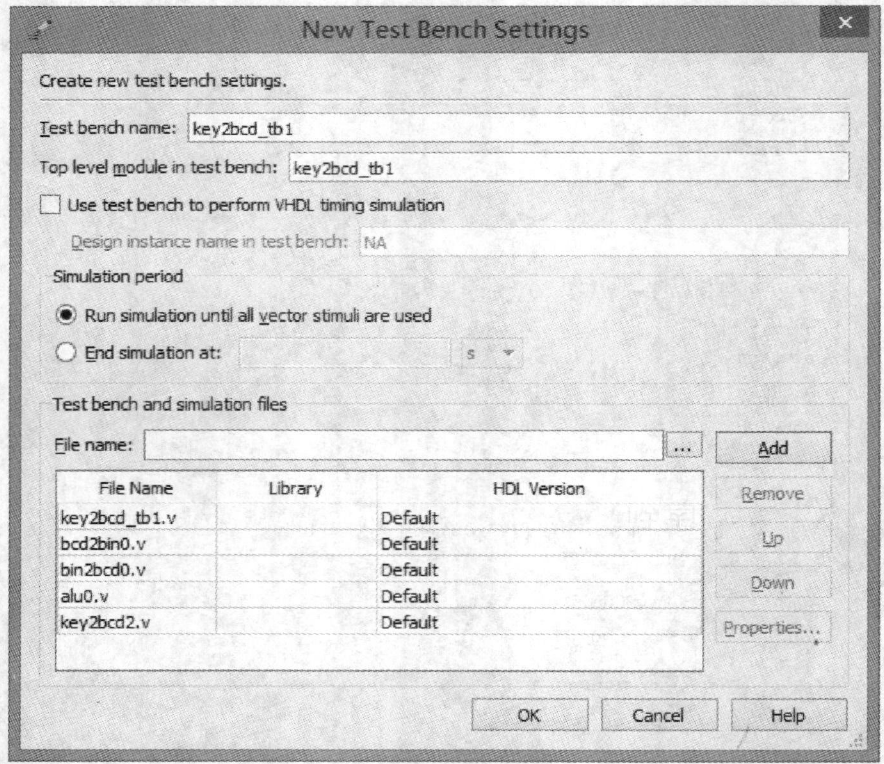

图 6-4　新建仿真设置

然后，选择我们要测试的 key2bcd_tb1 作为这次测试的 testbench，如图 6－5 所示。

NativeLink settings
None
Compile test bench: key2bcd_tb1　Test Benches...
Use script to set up simulation:
Script to compile test bench:
More NativeLink Settings...　Reset

图 6－5　修改仿真设置

设置好后就可以进行 RTL 仿真了。

6.3.3　转到 ModelSim 仿真工具进行仿真

将状态机的测试模式转到 ModelSim 仿真工具进行仿真，仿真结果如图 6－6 所示。

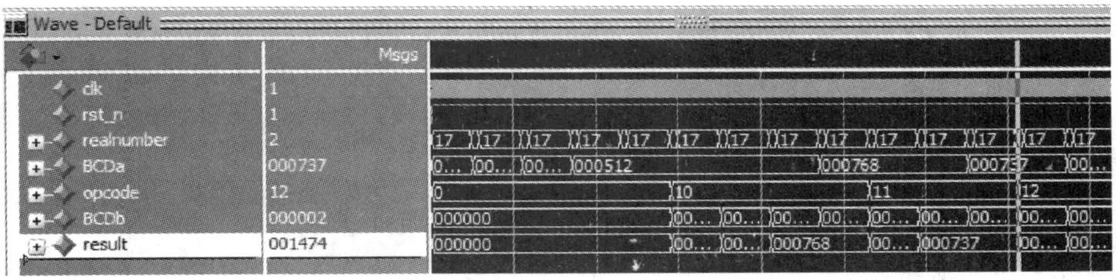

Wave - Default

	Msgs
clk	1
rst_n	1
realnumber	2
BCDa	000737
opcode	12
BCDb	000002
result	001474

图 6－6　仿真结果

将 BCDa、BCDb、result 格式设置成 Hex，realnumber 和 opcode 设置成 unsigned。我们可以一点一点地观察这些变量的变化，最终实现 512 ＋ 256 － 31×2＝(无运算优先级)的操作，并输出结果 1474。

6.3.4　下载程序到开发板进行调试

将顶层文件 calc2 的实例化进行修改并命名为 calc3，代码如下：

```
module calc3(clk,rst_n,seg,sel,keyin,keyscan);//改动 1:修改模块名


    input clk, rst_n;
    input [3:0] keyin;

    output [3:0] keyscan;
    output [2:0] sel;
```

```
    output [7:0] seg;

    wire clk_slow;
    wire [4:0] real_number;
    wire [23:0] BCDa,BCDb,a,b,bin_data,result;
    wire [3:0] opcode;


    display3 u1(
                .clk(clk),
                .adata(BCDa),
                .bdata(BCDb),
                .rst_n(rst_n),
                .sel(sel),
                .seg(seg),
                .clk_slow(clk_slow)
                );

    keyscan0 u2(
                .clk(clk_slow),
                .rst_n(rst_n),
                .keyscan(keyscan),
                .keyin(keyin),
                .real_number(real_number)
                );
//改动 2:修改状态机模块名
    key2bcd2 u3(
                .clk(clk_slow),
                .real_number(real_number),
                .opcode(opcode),
                .rst_n(rst_n),
                .BCDa(BCDa),
                .BCDb(BCDb),
                .result(result)
                );

    bcd2bin0 u4(
                .BCDa(BCDa),
                .BCDb(BCDb),
                .a(a),
                .b(b)
                );
```

```
    bin2bcd0 u5(
                .bin(bin_data),
                .bcd(result)
                );


    alu0 u6(
            .a(a),
            .b(b),
            .clk(clk_slow),
            .rst_n(rst_n),
            .opcode(opcode),
            .bin_data(bin_data)
            );

endmodule
```

修改后保存代码,并将该模块设置为顶层,进行全编译,下载到开发板上测试一下新的状态机是否可以正常工作。

6.4　今天工作总结

经过测试,状态机比较稳定,可以接受各种组合的连续输入,并输出正确的结果。在大型的模块设计中,状态机常常扮演着核心控制者的角色,所以状态机一定要稳定、简单。在具体的设计中还需要注意:

必须把状态机写全,换言之,不能漏掉 Default 项。如果缺少该缺省项,存在没有明确转移方向的多余状态,那么综合后很有可能产生锁存器(latch)。

状态机作为控制的核心部分,尽量把它和算法功能、数据分离开来。好比你看到好的流水线,控制流水线的计算机和流水线本身是分开的。这样可以保持相对的独立性。

如果一种操作涉及几个状态,尽量把操作与状态机本身剥离开来。

使用一个简单的复位信号来定义上电状态。如果你的状态机会被比较多的复位信号复位的话,工具就不会把它当作状态机来对待。

总之,尽量保持状态机很傻很单纯是很重要的。尽量不要加重核心部分的复杂性。其实道理很简单,好比在一个公司里面,真正在工作的,其实一定不是一个这个公司的核心人物。

回顾一下今天学到内容,总结如下:

1) 了解状态机的基础知识。

2) 通过练习掌握状态机的设计流程。

有限状态机(FSM)在以后的工作中还会经常用到,所以必须熟练掌握。明天的任务是对计算器面积的优化,以节省FPGA内部逻辑资源,减少功耗,同时也能节约经济成本(可以选用资源少的芯片,价格较低)。

6.5 夏老师评述

赵然同学今天日记中对状态机的总结写得十分深刻全面。这说明他能对实际工作中发现的问题做深入细致的思考。在确定计算器运行有时不稳定的可能原因后,他能主动积极地修改源代码,在仿真中仔细观察修改代码后,状态机运行时的行为改变和控制信号的改变是否与自己设想的一致,下载到FPGA开发板上后,他能结合仿真中发现可能存在问题的地方,在实际FPGA开发板上针对有可能出现问题的操作和计算,反复实验,检查计算器的运行结果,以确认所有潜在的状态紊乱或控制差错都已经得到了纠正。

数字系统设计是一件十分细致复杂的工作,设计过程艰苦漫长,多次反复修改是很正常的,任何侥幸心理都有可能造成重大的损失。现在我们所做的设计只是一个课堂练习,是学习数字系统设计的起步阶段,但严格谨慎的工作作风是在日常生活中逐步养成的,必须重视每次课堂练习的工作质量。在技术培训阶段,从许多同学完成任务的情况和学习态度中就能预测,走上工作岗位几年后,他/她是否能成为一位受人尊敬的成功的数字系统设计师。一名优秀的工程师,必须具备一些基本素质,例如,敢于探索,不怕困难,严格谨慎,追求完美等,很难设想一个马马虎虎、大大咧咧的风流学生将来能成为一名敢于承担重要设计任务的优秀职业工程师。

第 7 章

第七天——面积优化

7.1 设计需求讲解

这里的“面积”是指某个设计所占用的逻辑资源的数量。对于 FPGA 而言，可以用设计所占用的触发器(FF)和查找表(LUT)的个数来衡量该指标；更一般化的衡量方式是用设计所占用的等价逻辑门数来计量。

大家都注意到了，每次编译之后，编译器都会给出一堆报告，还有一份总结(见图 7－1)。

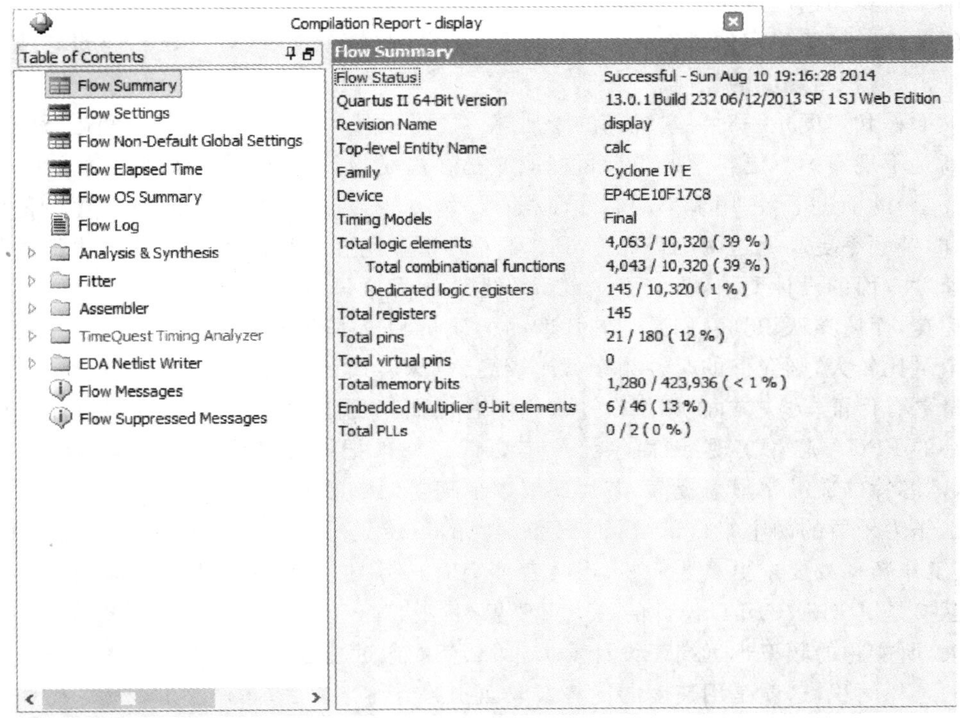

图 7－1　编译报告

图中左侧的列表里有每一步操作的详细报告，以后会慢慢学会看这些。右边是一份总结，包括编译的时间、环境、器件等。我们主要关注下半部分这堆数字，这些数字就是我们编写的代码，经过综合后转变成电路网表，下载到 FPGA 内所占用的逻辑资源，包括逻辑单元的使用比例、寄存器的使用比例、引脚、存储器、乘法器、锁相环等。也就是说，我们这个计算器大概用了 FPGA 中 40%的面积。

今天的工作任务就是想办法减少 FPGA 资源的使用。

7.2 面积与速度

关于面积(area)与速度(speed)的问题，我总结老师讲课的要点如下。

提到面积就不得不说速度。"速度"指设计在芯片内构成物理电路后，在稳定运行时所能够达到的最高时钟频率。这个频率取决于两个因素：1)芯片的制造工艺过程；2)由设计确定的电路结构。

FPGA 芯片的型号和速度档次一旦确定，该芯片可以达到的最高时钟频率也就确定了。但能否达到这个最高时钟频率，则取决于芯片中的逻辑电路的构造是否合理。如果 RTL 设计不合理，综合后产生的电路很难达到芯片允许达到的最高时钟频率。面积和速度这两个指标始终贯穿着 FPGA 设计的全过程，是评价设计质量高低的关键。这里我们先讨论一下关于面积和速度这两个最基本的概念：面积与速度的平衡、面积与速度的互换。

面积和速度是一对对立统一的矛盾体。要求设计同时具备面积最小和运行频率最高是不现实的。更科学的设计目标应该是在满足设计时序要求(包含对设计频率的要求)的前提下，占用最小的芯片面积；或者在规定的面积内，使设计的时序余量更大，时钟频率更高。这两个目标充分体现了面积和速度平衡的思想。关于达到面积和速度方面的设计要求，我们不应该简单地理解为这只是为了显示设计师追求设计的完美，而应该认识到它们是与芯片产品的质量和成本直接相关的。如果设计的时序余量比较大，则允许的时钟频率就比较高，意味着设计的健壮性更强，整个系统的质量更有保证；另一方面，如果设计占用的芯片面积更小，则意味着设计可选用规模更小的 FPGA 芯片实现，因而系统成本更低。如果把设计转到用集成电路芯片实现，则芯片的成品率显著提高，芯片的成本也随之大幅度削减。

作为矛盾的两个组成部分，面积和速度的地位是不一样的。相比之下，满足时序、工作频率的要求更重要一些，当两者冲突时，采用速度优先的准则。面积和速度的互换是 FPGA/CPLD 设计的一个重要思想。从理论上讲，一个设计如果时序余量较大，所能跑的频率远远高于设计要求，那么就能通过功能模块复用减少整个设计消耗的芯片面积，这就是用速度的优势换取面积的节约。反之，如果一个设计的时序要求很高，用普通方法达不到设计频率，那么一般可以通过将数据流串并转换、并行复制多个操作模块，对整个设计采取"乒乓操作"和"串并转换"的思想进行运作，在芯片输出模块再对数据进行“并串转换”，是从宏观上看整个芯片满足了处理速度的要求，这相当于用面积复制换速度提高。面积和速度的互换的具体操作有很多技巧，比如模块复用，“乒乓操作”，“串并转换”等，需要大家在日后工作中积累掌握。但总的来说，上述这些技巧都用于高速电路，是以牺牲面积提高速度的，而我们做的计算器不需要那么高的运行速度，也就是说我们有很大的速度余量，可以尽可能地换取面积优势。一个简单又有效的方法就是将复杂的组合逻辑转换成时序逻辑。

老师说，在 Verilog HDL 语言中虽然有除的运算指令，但是除运算符中的除数必须是 2 的幂，因此无法实现除数为任意整数的除法，很大程度上限制了它的使用领域。并且多数综合工具对于除运算指令不能综合出令人满意的结果，有些甚至不能给予综合。即使可以综合，也需要比较多的资源。对于这种情况，一般使用相应的算法来实现除法，如基于减法操作和基于乘法操作的算法。

下面找一下代码中所有用到“/”或者“%”的模块，并分别查看这些模块的资源占用情况。

首先我们会想到在计算模块 alu 中，有除法的操作，所以可将 alu.v 设置成顶层模块，并进行全编译。编译报告如图 7－2 所示。

Flow Summary	
Flow Status	Successful - Thu Aug 14 09:09:56 2014
Quartus II 64-Bit Version	13.0.1 Build 232 06/12/2013 SP 1 SJ Web Edition
Revision Name	display
Top-level Entity Name	alu
Family	Cyclone IV E
Device	EP4CE10F17C8
Timing Models	Final
Total logic elements	725 / 10,320 (7 %)
Total combinational functions	705 / 10,320 (7 %)
Dedicated logic registers	24 / 10,320 (< 1 %)
Total registers	24
Total pins	78 / 180 (43 %)
Total virtual pins	0
Total memory bits	0 / 423,936 (0 %)
Embedded Multiplier 9-bit elements	6 / 46 (13 %)
Total PLLs	0 / 2 (0 %)

图 7－2　编译报告

还有一个模块，其中也用到了求余“%”的操作，就是二进制码转 BCD 码的模块 bin2bcd。同样将这个模块也设置为顶层，进行全编译，之后看一下编译报告（见图 7－3）。

有没有发现这些模块编译起来会比其他模块慢很多？我们看一下这两个报告，并且跟整个计算器占用的资源进行比较（见图 7－1），整个计算器使用了 4000 个逻辑单元，而这两个模块就占用 3600 个逻辑单元，占到整个模块的 90%。

Flow Summary	
Flow Status	Successful - Thu Aug 14 09:32:50 2014
Quartus II 64-Bit Version	13.0.1 Build 232 06/12/2013 SP 1 SJ Web Edition
Revision Name	display
Top-level Entity Name	bin2bcd
Family	Cyclone IV E
Device	EP4CE10F17C8
Timing Models	Final
Total logic elements	2,837 / 10,320 (27 %)
Total combinational functions	2,837 / 10,320 (27 %)
Dedicated logic registers	0 / 10,320 (0 %)
Total registers	0
Total pins	48 / 180 (27 %)
Total virtual pins	0
Total memory bits	0 / 423,936 (0 %)
Embedded Multiplier 9-bit elements	0 / 46 (0 %)
Total PLLs	0 / 2 (0 %)

图 7-3　编译报告

7.3　模块改进

首先对计算模块 alu 进行改进。

7.3.1　计算模块的可综合代码

计算模块 alu 的可综合代码如下：

```
module alu0(a,b,clk,rst_n,opcode,bin_data);

    input [23:0] a,b;
    input clk;
    input rst_n;
    input [3:0] opcode;

    output reg [23:0] bin_data;

    reg [23:0] q,areg,breg;
    reg [1:0] state;

    always @ (posedge clk or negedge rst_n)
    begin
        if(!rst_n)
        begin
            bin_data <= 0;
```

```
            end
            else
            begin
                case(opcode)
                    10: begin bin_data <= a + b; end
                    11: begin bin_data <= a - b; end
                    12: begin bin_data <= a * b; end
                    13: begin bin_data <= a / b; end
                    default: bin_data <= bin_data;
                endcase
            end
        end

endmodule
```

加法、减法、乘法都不用修改(因为 FPGA 内部有乘法器资源),只需要把除法修改一下,用减法来实现。实现的原理就是用被除数减除数,看能减多少次,那么这个次数就是商的值(不考虑小数)。比如 7÷2,就是判断 7 是否大于 2,是的话就进行减法运算,每减 1 次让计数器加 1,也就是说,7 大于 2,那么 7－2＝5,计数器为 1,5 大于 2,5－2＝3,计数器为 2,3 大于 2,3－2＝1,计数器为 3,1 小于 2,那么商值为计数器的值 3。这样就得到了 7÷2 的值,是 3。下面以这种思路设计代码:

```
module alu1(a,b,clk,rst_n,opcode,bin_data);//改动 1:修改模块名

    input [23:0] a,b;
    input clk;
    input rst_n;
    input [3:0] opcode;

    output reg [23:0] bin_data;

//改动 2:添加 4 个寄存器变量
    reg [23:0] q,areg,breg;
    reg state;

//改动 3:用状态机实现除法计算
    always @ (posedge clk or negedge rst_n)
    begin
        if(! rst_n)     //复位时将所有寄存器赋初值
        begin
            bin_data <= 0;
```

```
        state <= 0;
        areg <= 0;
        breg <= 0;
        q <= 0;
    end
    else
    begin
        case(opcode)
            10: begin bin_data <= a + b; end
            11: begin bin_data <= a - b; end
            12: begin bin_data <= a * b; end
            13: //除法改为一个小状态机
                begin
                    case(state)
                    0:    //初始状态
                        begin
                            areg <= a;
                            breg <= b;
                            state <= 1;
                            q <= 0;
                        end
                    1:    //判断寄存器值是否大于被除数
                        begin
                            if(areg >= b)
                                begin
                                    areg <= areg - breg;
                                    state <= 1;
                                    q <= q + 1;
                                end
                            else
                            begin
                                state <= 0;
                                bin_data <= q;    //计数器的值为计算结果输出
                            end
                        end
                    default: bin_data <= bin_data;
                    endcase
                end
            default: bin_data <= bin_data;
        endcase
```

```
        end
    end

endmodule
```

代码写好之后将之设置为顶层并编译一下，查看报告(见图 7-4)：

Flow Summary	
Flow Status	Successful - Thu Aug 14 10:31:01 2014
Quartus II 64-Bit Version	13.0.1 Build 232 06/12/2013 SP 1 SJ Web Edition
Revision Name	display
Top-level Entity Name	alu
Family	Cyclone IV E
Device	EP4CE10F17C8
Timing Models	Final
Total logic elements	209 / 10,320 (2 %)
Total combinational functions	163 / 10,320 (2 %)
Dedicated logic registers	97 / 10,320 (< 1 %)
Total registers	97
Total pins	78 / 180 (43 %)
Total virtual pins	0
Total memory bits	0 / 423,936 (0 %)
Embedded Multiplier 9-bit elements	6 / 46 (13 %)
Total PLLs	0 / 2 (0 %)

图 7-4 编译报告

可以看出，改进之后的逻辑单元由 700 多个减到了 200 左右。

7.3.2 转到 ModelSim 仿真工具进行测试

可以继续使用第五天做的计算模块测试 alu_tb0，但需稍微修改一下实例化，改后代码如下：

```
`timescale 1ns/1ns
module alu_tb1; //改动 1:修改模块名

    reg [23:0] a,b;
    reg clk;
    reg rst_n;
    reg [3:0] opcode;

    wire [23:0] bin_data;
//改动 2:修改计算模块名
    alu1 u1(.a(a),.opcode(opcode),.b(b),.clk(clk),.rst_n(rst_n),.bin_data(bin_data));
```

```
    initial
    begin
        a = 0;b = 0;rst_n = 0; clk = 1; opcode = 0;     //复位,初始化

        #101 rst_n = 1;     //复位结束

        #1000 a = 11;           //11 + 2
        opcode = 10;
        b = 2;

        #1000 a = 13;           //13 - 3
        opcode = 11;
        b = 3;

        #1000 a = 4;           //4  × 5
        opcode = 12;
        b = 5;

        #1000 a = 10;           //10  ÷ 2
        opcode = 13;
        b = 2;

        #1000
        $stop;

    end

    always #10 clk = ~clk;

endmodule
```

将改后的模板命名为 alu_tb1。在 Settings 下找到新添加好的测试模块,如图 7-5所示,并执行仿真。

仿真出现后,将变量 a、b、opcode 和 bin_data 设置成 Unsigned 格式,观察波形(见图 7-6)。

从图可以看出,波形和第五天得到的类似,加减乘除都能得到正确的结果。同时,我们发现在做除法的时候,结果会出现得晚一些。因为我们每一个时钟进行一次减法运算,商的值越大,所需时间就越长。而之前我们只需要一个时钟就能得到结果。这就是牺牲速度换取面积的一个例子。

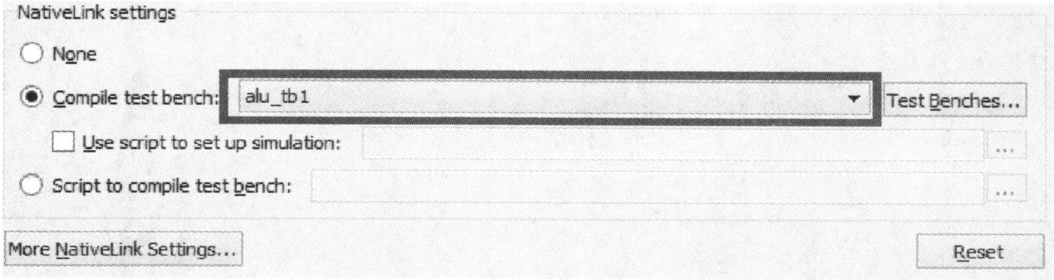

图 7-5　修改仿真设置

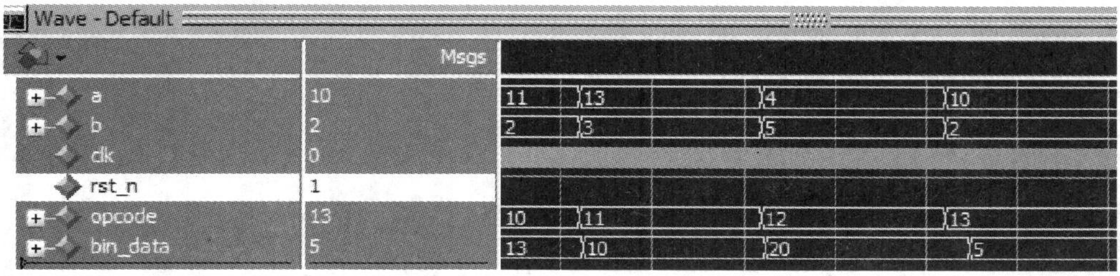

图 7-6　仿真结果

7.3.3　下载程序到开发板进行调试

仿真通过之后，再次下载进开发板里进行验证，检查模块是否修改正确。

之前因为我们每一个时钟都会计算出结果，所以给计算模块驱动的时钟是慢时钟。但由于修改后的模块计算结果可能需要多个时钟，最坏情况会需要几十万个时钟，继续使用慢时钟会导致不能及时输出结果而出错（大家感兴趣的话可以在调试时进行尝试）。所以在顶层我们需要给这个模块连接快时钟，把实例化中的连线 clk_slow 改为 clk 即可：

```
module calc4(clk,rst_n,seg,sel,keyin,keyscan);//改动 1:修改模块名

    input clk, rst_n;
    input [3:0] keyin;
    output [3:0] keyscan;
    output [2:0] sel;
    output [7:0] seg;

    wire clk_slow;
    wire [4:0] real_number;
```

```
wire [23:0] BCDa,BCDb,a,b,bin_data,result;
wire [3:0] opcode;


display3 u1(
            .clk(clk),
            .adata(BCDa),
            .bdata(BCDb),
            .rst_n(rst_n),
            .sel(sel),
            .seg(seg),
            .clk_slow(clk_slow)
            );

keyscan0 u2(
            .clk(clk_slow),
            .rst_n(rst_n),
            .keyscan(keyscan),
            .keyin(keyin),
            .real_number(real_number)
            );

key2bcd2 u3(
            .clk(clk_slow),
            .real_number(real_number),
            .opcode(opcode),
            .rst_n(rst_n),
            .BCDa(BCDa),
            .BCDb(BCDb),
            .result(result)
            );

bcd2bin0 u4(
            .BCDa(BCDa),
            .BCDb(BCDb),
            .a(a),
            .b(b)
            );

bin2bcd0 u5(
```

```
                    .bin(bin_data),
                    .bcd(result)
                    );
//改动2:实例名修改,并将时钟clk_slow改为clk
    alu1 u6(
                .a(a),
                .b(b),
                .clk(clk),
                .rst_n(rst_n),
                .opcode(opcode),
                .bin_data(bin_data)
                );

endmodule
```

将顶层文件calc4.v设置成顶层模块,进行全编译,最后用编程器Programmer进行下载。

7.4 今天工作总结

经过测试,修改计算模块后的计算器仍能正常工作,但是资源占用却少了很多,达到了我们的目的。这就是用时序逻辑代替组合逻辑的一个例子,也是速度和面积互换的体现。用这种方法,我们还可以为计算器多加一些功能,比如求余数、求幂等。

余数就是刚刚除法运算中小于b的areg,也就是被减剩下的那个数,所以只需要把输出q改为输出areg即可得到余数。

幂运算是用乘法累积出来的,用一个计数器记录指数,最后输出乘积的结果即可。

大家可以发挥自己的想象力,充分利用剩余的按键,设计出一些复杂的运算,来丰富计算器的功能。

回顾一下今天学到内容,总结如下:

1)了解综合报告的信息。

2)速度与面积的平衡取舍与相互转换。

3)除法运算的替代,在以后的设计中尽量避免使用除法。

明天我们将对二进制转BCD码的模块进行优化,这次改进并不是将求余数改为多次减法来实现,而是采用一种移位的方法,这一方法正是由于其占用资源少而被广泛使用。

7.5 夏老师评述

赵然同学今天日记中权衡面积和速度的总结写得十分深刻。所举的例子说明他能在实际工作中灵活应用课堂上学到的基本概念，通过认真分析和实际运行，找到问题所在，并主动想办法解决问题。最后根据解决问题过程中的反馈信息，加深了对面积与速度之间互相转换重要概念的理解。

赵然同学发现由综合工具自动产生的逻辑占用了很多资源。在老师的启发下，他通过观察综合报告发现并确定由除法操作符自动综合生成的除法器占用了最大部分的资源。他建议把综合工具自动生成的组合逻辑除法器修改成利用减法器和计数器实现的时序除法器，再试验一下。他的建议得到老师的支持和鼓励，随即他便主动积极地修改源代码，通过仿真得到计算减法功能不变，但资源占用情况有明显改善的结论。随即他发现时序除法器需要使用很多个时钟周期才能完成除数较大的除法，所以他提出把算术逻辑单元的时钟频率提高，以解决除法运算慢的问题。他通过修改代码很快解决了这个问题，并且对在系统中设置快、慢时钟区有了更深的体会。

实践出真知是颠扑不破的真理。学习和掌握数字系统设计技术，必须采取理论学习与实际操作密切结合的方式，通过对同学的启发和帮助，分析讲评他们的设计工作，激发他们的学习热情，提高学习的自觉性，才能取得最有效的教学效果。

第 8 章

第八天——二进制码转 BCD 码模块的优化

8.1 设计需求讲解

昨天主要介绍了速度和面积的互换，并且已经对一个模块进行了优化，今天我们改进另外一个模块 bin2bcd。这个模块的资源占用昨天已经讨论过了，足足占据了 2 800 多个逻辑单元(见图 8－1)。

Flow Summary	
Flow Status	Successful - Thu Aug 14 09:32:50 2014
Quartus II 64-Bit Version	13.0.1 Build 232 06/12/2013 SP 1 SJ Web Edition
Revision Name	display
Top-level Entity Name	bin2bcd
Family	Cyclone IV E
Device	EP4CE10F17C8
Timing Models	Final
Total logic elements	2,837 / 10,320 (27 %)
Total combinational functions	2,837 / 10,320 (27 %)
Dedicated logic registers	0 / 10,320 (0 %)
Total registers	0
Total pins	48 / 180 (27 %)
Total virtual pins	0
Total memory bits	0 / 423,936 (0 %)
Embedded Multiplier 9-bit elements	0 / 46 (0 %)
Total PLLs	0 / 2 (0 %)

图 8－1 编译报告

造成这一结果的原因就是在代码里用到了大量的除法"/"和求余数"%"运算。今天老师讲了一种神奇的移位方法，通过不断地将二进制数左移，并且做一些判断，就可以得到对应的 BCD 码，而不必用除法以及求余数这种占用资源多的方法。

8.2 算法实现

此处要介绍的是二进制码转 BCD 码的硬件实现，采用左移加 3 的算法，具体描述如下（以 8 - bit 二进制码为例）：

1）左移要转换的二进制码 1 位；

2）左移之后，BCD 码分别置于百位、十位、个位；

3）如果移位后个位、十位、百位的值大于或等于 5，则对该值加 3；

4）继续左移的过程，直至全部移位完成。

【举例】 将十六进制码 0xFF 转换成 BCD 码。

Operation	Hundreds	Tens	Units	Binary	
HEX				F	F
Start				1 1 1 1	1 1 1 1
Shift 1			1	1 1 1 1	1 1 1
Shift 2			1 1	1 1 1 1	1 1
Shift 3			1 1 1	1 1 1 1	1
Add 3			1 0 1 0	1 1 1 1	1
Shift 4		1	0 1 0 1	1 1 1 1	
Add 3		1	1 0 0 0	1 1 1 1	
Shift 5		1 1	0 0 0 1	1 1 1	
Shift 6		1 1 0	0 0 1 1	1 1	
Add 3		1 0 0 1	0 0 1 1	1 1	
Shift 7	1	0 0 1 0	0 1 1 1	1	
Add 3	1	0 0 1 0	1 0 1 0	1	
Shift 8	1 0	0 1 0 1	0 1 0 1		
BCD	2	5	5		

图 8－2　转换示意图

由于 8bit 的二进制最大为 FF，转换为十进制为 255。所以需要使用三个 BCD 码来表示所有的 8bit 二进制数。图 8－2 中的 Hundreds 表示百位的 BCD，Tens 表示十位的 BCD，Units表示个位的 BCD。算法的操作为一直将 Binary 数据左移，移出的数据按顺序存在 Hundreds，Tens，Units。例如上面的 Shift1，Shift2，Shift3 操作后，Units 变为了 0111。至于为何在 Shift3 后进行 Add3 操作，是因为在算法中每一次左移，都要对 Hundreds，Tens 和Units进行判断，如果 Hundreds，Tens 和 Units 里面的值大于或等于 5，就将 Hundreds，Tens 和 Units 自加 3。所以 Shift3 后，Units 里面为 0111，表示为 7，此时不能左移，而是对 Units 加 3 操作，所以 Units 的值从 0111 变为了 1010。值得注意的是，只要 Hundreds，Tens 和 Units 中任意一个的值大于或等于 5(0101)，就要先进行一次自加 3 的操作，然后才能继续左移，后面的操作同上，直至所有数都被移出，最后一次移位后不判断。

通过这个流程可以看出，输入的二进制数是 8 位，而输出的 BCD 码却变成了 10

位，所以我们编写代码的时候要注意到这一点，因为之前的输入输出都是相同的位宽（24 位），实际上作为输入的二进制码是要比 BCD 码的位数少的。我们做的计算器是 6 位的，也就是说最大支持的数就是 999999，它的 BCD 码一定是 24 位的，但我们可以根据这个数的二进制表示来确定到底需要多少位来记录这个数。最简单的方法就是打开计算机中的计算器，然后输入 999999，看一下二进制数有多少位，如图 8－3 所示。

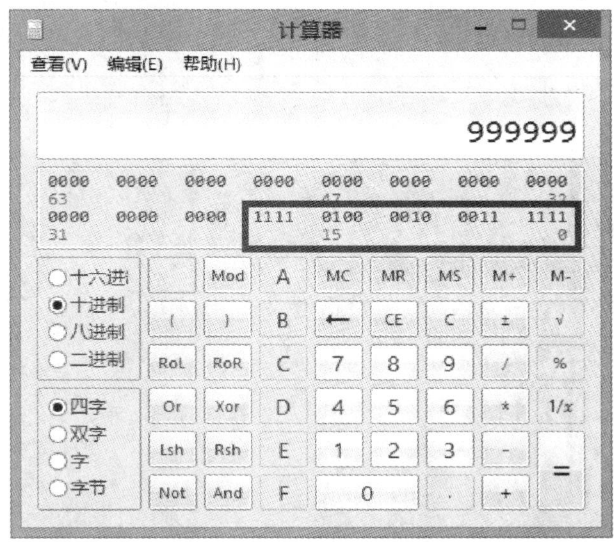

图 8－3　计算最大带宽

由此可见，由 24 位的 BCD 码转成的二进制码最多只占用 20 位，所以可以将所有用到二进制数的模块的线宽或寄存器都改为 20 位，以节约资源。

8.3　模块改进

下面就根据之前所提供的算法来设计这个模块。

8.3.1　二进制码转 BCD 码模块的可综合代码

二进制码转 BCD 码模块的可综合代码如下：

```
module bin2bcd1(clk,rst_n,bin,bcd);


    input clk,rst_n;
    input [19:0] bin;
    output reg [23:0] bcd;
```

```
reg [19:0] regdata,regdata1;
reg [3:0] w1,w2,w3,w4,w5,w6;     //w1～w6 分别表示 BCD 码的个位～十万位
reg [1:0] state;
reg [4:0] q;

always @ (posedge clk or negedge rst_n)
begin
    if(!rst_n)     //复位时清空所有寄存器
    begin
        state <= 0;
        bcd <= 0;
        regdata <= 0;
        regdata1 <= 0;
        w1 <= 0;
        w2 <= 0;
        w3 <= 0;
        w4 <= 0;
        w5 <= 0;
        w6 <= 0;
        q <= 0;
    end
    else
    case(state)
    0:     //初始状态,给寄存器赋初始值
        begin
            regdata <= bin;
            regdata1 <= bin;
            state <= 1;
            w1 <= 0;
            w2 <= 0;
            w3 <= 0;
            w4 <= 0;
            w5 <= 0;
            w6 <= 0;
            q <= 0;
        end
    1:     //移位状态,每移位 1 次计数器 q 值加 1
        begin
            q <= q + 1;
            regdata <= (regdata << 1);
```

```
        w1  <=  {w1[2:0],regdata[19]};
        w2  <=  {w2[2:0],w1[3]};
        w3  <=  {w3[2:0],w2[3]};
        w4  <=  {w4[2:0],w3[3]};
        w5  <=  {w5[2:0],w4[3]};
        w6  <=  {w6[2:0],w5[3]};
        if(q == 19)
                          //因为是 20 位二进制转码 BCD 码,所以移位 20 次即可
        begin
            state <= 3;     //转换完成后跳至状态 3 输出结果并等待
        end
        else
            state <= 2;     //未完成则跳至状态 2 判断每一位是否大于等于 5
    end

2:    //判断每一位是否大于等于 5,是则自加 3,并跳回状态 1 进行下一次移位
    begin
        state <= 1;
        if(w1 >= 5)
            w1 <= w1 + 3;
        else
            w1 <= w1;
        if(w2 >= 5)
            w2 <= w2 + 3;
        else
            w2 <= w2;
        if(w3 >= 5)
            w3 <= w3 + 3;
        else
            w3 <= w3;
        if(w4 >= 5)
            w4 <= w4 + 3;
        else
            w4 <= w4;
        if(w5 >= 5)
            w5 <= w5 + 3;
        else
            w5 <= w5;
        if(w6 >= 5)
            w6 <= w6 + 3;
```

```
                else
                    w6 <= w6;
            end

        3:    //完成状态,输出转换完成的 BCD 码并等待输入的变化
            begin
                bcd <= {w6,w5,w4,w3,w2,w1};  //将个位～十万位拼起来得到结果
                if(regdata1 ! = bin)        //regdata1 不等于 bin 说明输入发生变化
                    state <= 0;             //跳回初始状态,以进行下一次转换
                else
                    state <= 3;             //输入没变化则停留在此状态等待
            end
        endcase
    end

endmodule
```

代码写好之后将其设置成顶层文件并编译一下,查看报告(见图 8-4):

Flow Summary	
Flow Status	Successful - Thu Aug 14 21:19:08 2014
Quartus II 64-Bit Version	13.0.1 Build 232 06/12/2013 SP 1 SJ Web Edition
Revision Name	display
Top-level Entity Name	bin2bcd
Family	Cyclone IV E
Device	EP4CE10F17C8
Timing Models	Final
Total logic elements	157 / 10,320 (2 %)
Total combinational functions	123 / 10,320 (1 %)
Dedicated logic registers	97 / 10,320 (< 1 %)
Total registers	97
Total pins	46 / 180 (26 %)
Total virtual pins	0
Total memory bits	0 / 423,936 (0 %)
Embedded Multiplier 9-bit elements	0 / 46 (0 %)
Total PLLs	0 / 2 (0 %)

图 8-4　编译报告

可以看出,改进之后的逻辑单元占用由 2800 多减到了 100 多。

8.3.2　转到 ModelSim 仿真工具进行测试

可以继续在第四天的测试模块 bcd2bin_tb1 的基础上进行修改,代码如下:

```
`timescale 1ns/1ns
module bcd2bin_tb2;//改动 1:修改模块名

//改动 2:加入时序
    reg clk,rst_n;
    reg [23:0] BCDa,BCDb;
    wire [19:0] a,b;
    wire [23:0] BCD;

    bcd2bin0 u1(
                .BCDa(BCDa),
                .BCDb(BCDb),
                .a(a),
                .b(b)
                );

    bin2bcd1 u2(
                    .clk(clk),
                    .rst_n(rst_n),
                    .bin(a),
                    .bcd(BCD)
                    );

    initial
    begin
        #0
        clk = 1;
        rst_n = 0;

        BCDa = 24'h111111;
        BCDb = 24'h222222;
//改动 3:此次改动牺牲了速度,所以要多给一些时间
        #100
        rst_n = 1;
        #5000
        BCDa = 24'h333333;
        BCDb = 24'h444444;

        #5000
        BCDa = 24'h123456;
        BCDb = 24'h654321;
```

```
        #5000
        BCDa = 24'h128;
        BCDb = 24'h256;

        #5000 $stop;
    end

    always #10 clk = ~clk;

endmodule
```

将修改后的模块命名为 bcd2bin_tb2。在 Settings 下设置好将测试的模块，如图 8-5 所示，并执行仿真。

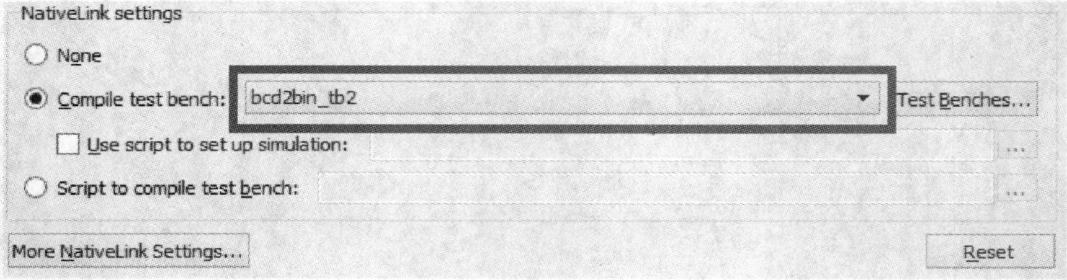

图 8-5　修改仿真设置

仿真结果如图 8-6 所示。将波形中的 BCDa 和 BCD 设置为 Hexadecimal，只观察这两个变量即可。

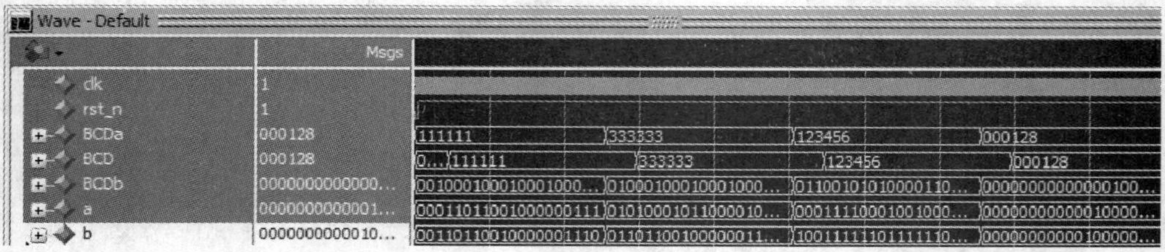

图 8-6　仿真结果

可以看出，波形和第四天得到的类似，BCDa 经过两次转换最后变成 BCD，与转换之前的数值相同，只是会需要一定的时间，但这些时间都在我们的容许范围之内。

8.3.3　下载程序到开发板进行调试

仿真通过之后，再次下载程序到开发板里进行验证，检查模块是否修改正确。

由于模块加入了时序逻辑，所以顶层也要做相应的修改。同时我们也将所有用到的二进制数改为20位的线宽，alu模块(其中a，b，bin_data需要修改)、bcd2bin模块(其中a，b需要修改)也将线宽改为20位。各个模块修改后的程序代码如下：

alu模块：

```
module alu2(a,b,clk,rst_n,opcode,bin_data);//改动1:修改模块名

    input [19:0] a,b;//改动2:修改输入和输出的线宽
    input clk;
    input rst_n;
    input [3:0] opcode;
    output reg [19:0] bin_data;//修改线宽

    reg [19:0] q,areg,breg; //需要添加3个寄存器变量,q为计数器
    reg state;     //添加一个状态机

    always @ (posedge clk or negedge rst_n)
    begin
        if(!rst_n)     //复位时将所有寄存器赋初值
        begin
            bin_data <= 0;
            state <= 0;
            areg <= 0;
            breg <= 0;
            q <= 0;
        end
        else
        begin
            case(opcode)
                10: begin bin_data <= a + b; end
                11: begin bin_data <= a - b; end
                12: begin bin_data <= a * b; end
                13: //除法改为一个小状态机
                    begin
                        case(state)
                        0:     //初始状态
                            begin
                                areg <= a;
                                breg <= b;
                                state <= 1;
                                q <= 0;
```

```
                        end
                    1:  //判断寄存器值是否大于被除数
                        begin
                            if(areg >= b)
                                begin
                                    areg <= areg - breg;
                                    state <= 1;
                                    q <= q + 1;
                                end
                            else
                            begin
                                state <= 0;
                                bin_data <= q;  //计数器的值为计算结果输出
                            end
                        end
                    default: bin_data <= bin_data;
                    endcase
                end
            default: bin_data <= bin_data;
        endcase
    end
end

endmodule
```

bcd2bin 模块：

```
module bcd2bin1(BCDa,BCDb,a,b);//改动 1:修改模块名


    input [23:0] BCDa,BCDb;
    output [19:0] a,b;//改动 2:修改线宽
    assign a = BCDa[23:20] * 100000 + BCDa[19:16] * 10000 + BCDa[15:12] * 1000 + BC-
Da[11:8] * 100 + BCDa[7:4] * 10 + BCDa[3:0];

    assign b = BCDb[23:20] * 100000 + BCDb[19:16] * 10000 + BCDb[15:12] * 1000 + BC-
Db[11:8] * 100 + BCDb[7:4] * 10 + BCDb[3:0];


endmodule
```

顶层模块 calc：

```
module calc5(clk,rst_n,seg,sel,keyin,keyscan);//改动 1:修改模块名

    input clk, rst_n;
    input [3:0] keyin;

    output [3:0] keyscan;
    output [2:0] sel;
    output [7:0] seg;

    wire clk_slow;
    wire [4:0] real_number;
    wire [23:0] BCDa,BCDb,result;
    wire [19:0] a,b,bin_data;      //改动 2:将二进制数线宽减少以节约资源
    wire [3:0] opcode;


    display3 u1(
                .clk(clk),
                .adata(BCDa),
                .bdata(BCDb),
                .rst_n(rst_n),
                .sel(sel),
                .seg(seg),
                .clk_slow(clk_slow)
                );

    keyscan0 u2(
                .clk(clk_slow),
                .rst_n(rst_n),
                .keyscan(keyscan),
                .keyin(keyin),
                .real_number(real_number)
                );

    key2bcd2 u3(
                .clk(clk_slow),
                .real_number(real_number),
                .opcode(opcode),
                .rst_n(rst_n),
                .BCDa(BCDa),
                .BCDb(BCDb),
```

```
                .result(result)
                );
//改动 3:修改 BCD 码转二进制码模块实例化的名称
    bcd2bin1 u4(
                .BCDa(BCDa),
                .BCDb(BCDb),
                .a(a),
                .b(b)
                );
//改动 4:修改模块名与接口,使用快时钟
    bin2bcd1 u5(
                .clk(clk),
                .rst_n(rst_n),
                .bin(bin_data),
                .bcd(result)
                );
//改动 5:修改计算模块实例化的名称
    alu2 u6(
            .a(a),
            .b(b),
            .clk(clk),
            .rst_n(rst_n),
            .opcode(opcode),
            .bin_data(bin_data)
            );

endmodule
```

所有模块修改完毕后,最好进行一次仿真以保证没有改错。最后将顶层文件 calc.v 设置成顶层模块,进行全编译,用编程器 Programmer 进行下载。

8.4 今天工作总结

下板调试也通过了之后,再回过头来看一下编译报告(见图 8-7),看看改进之后的资源占用情况。

经过这两天的努力,我们从 4000 多(39%)的资源占用减少到了 700 多(7%),并

Flow Summary	
Flow Status	Successful - Thu Aug 14 21:23:52 2014
Quartus II 64-Bit Version	13.0.1 Build 232 06/12/2013 SP 1 SJ Web Edition
Revision Name	display
Top-level Entity Name	calc
Family	Cyclone IV E
Device	EP4CE10F17C8
Timing Models	Final
Total logic elements	765 / 10,320 (7 %)
Total combinational functions	717 / 10,320 (7 %)
Dedicated logic registers	299 / 10,320 (3 %)
Total registers	299
Total pins	21 / 180 (12 %)
Total virtual pins	0
Total memory bits	1,280 / 423,936 (< 1 %)
Embedded Multiplier 9-bit elements	6 / 46 (13 %)
Total PLLs	0 / 2 (0 %)

图 8－7　编译报告

且没有任何功能和性能的损失。可以看出代码的优化能够带来非常可观的资源（或速度）的提升，不过我们需要在优化之前权衡一下，最终目标是在满足速度要求的前提下，使用最少的资源。

到这里并不是面积优化的终点，大家还可以翻阅一些资料来做进一步的面积优化，自己尝试使用更少的逻辑来实现这些功能，挑战一下最小面积的极限。

回顾一下今天学到的内容，总结如下：

学习并理解了采用移位方法实现二进制转 BCD 码的算法，通过编写代码和调试实现并验证了这个算法能准确地把 20 bit 的二进制数转换成 24 bit 的 BCD 码，正确地显示出一个 6 位的十进制数。用这个算法生成的逻辑模块只花费掉原模块所需要的 1/28 资源，节省下来的硬件资源十分惊人。该算法是老师上课介绍的。但老师也告诉我们，这个算法是他从外文书里看来的，并把有许多类似代码的这本外文书介绍给我们，希望大家抽时间自己阅读。虽然该模块的代码比我在第四天编写的代码长了不少，但综合后变成电路，消耗的资源却非常少，这是我以前没有想到的。我突然回忆起老师曾在课堂上讲过的话：可综合模块代码的长度与综合后占用资源的多少没有直接关联，当初并不十分理解，现在才真正明白这句话的含义。

接下来我们将对计算器做视觉上的优化。大家看到前面一堆没用的 0 是不是也感到很别扭？明天我们将设计一个去“0”的模块，来消去这些无效的 0。

8.5 夏老师评述

赵然同学今天的日记总结中已认识到模块算法的好坏对设计的优劣/成败关系重大。即使模块的行为完全正确，也能综合成电路，下载到 FPGA 中，其功能和速度都能满足要求，但该模块不一定能用在最后的设计中。因为必须分析其消耗的逻辑资源是否在合理的范围内，如果设计需要巨量的逻辑资源和功耗，超出了我们的能力范围，我们必须寻找替换的办法。凭借自己的独立思考有时可能想出好的算法，但是也很可能花费很多时间，仍不得要领，耽误了工程设计的进度。作为一名有效率的优秀工程师，必须要学会从技术资料中寻找好的解决方案，也要学会与科学家、数学家交朋友，打交道，一起协作来解决难题。电子设计工程师之所以在西方与教授、医生、律师、科学家等专业人士一样受到大众的尊敬，是因为这项工作需要终身学习，需要用真实的技术能力为社会服务。与不法商人和滑头政客比较，专业人士的工作虽然单纯枯燥，但对高尚的职业道德和精湛技术有永不懈怠的追求，是许多年轻人理想的求业目标。

今天赵然同学在老师讲解后，参考了技术资料，用时序电路改写了原组合逻辑的二进制码转 BCD 码的程序(bin2bcd1)节省了大量资源，取得了很好的效果，值得表扬。但是为什么在 BCD 码转二进制码的模块中，不主动采用时序电路设计？其实 BCDa 和 BCDb 转换成二进制数 a 和 b 完全可以用一个组合逻辑实现，只需加一些寄存器存放 BCD 码和二进制数，多用几个时钟，即可完成。如果再多用几个时钟，还可以把加法器改为累加器，乘法器也可以重复利用，所以只需要一个累加器，一个乘法器，加一些时序控制就能用一个更小的时序逻辑实现 BCDa 和 BCDb 分别转换成二进制数最后存放进 a 与 b 寄存器中。当然数据的寄存和控制逻辑也要消耗一些资源的。究竟改这个模块的效果好，还是不改的效果更好，同学们可以讨论，当然最后要以真实的电路功能的表演和资源消耗做标准，才能得到最后的结果。

第 9 章

第九天——去“0”模块的设计

9.1 设计需求讲解

我们日常使用的计算器，并不是所有位都显示出来的，而是只显示出需要的位数。比如显示一个三位数 123，只有这三位会显示，其他位应该都熄灭，也就是我们希望看到 123，而不是 000123，这样才符合使用习惯。所以我们也按照这种显示的方式来改进我们的计算器，消除有效数字前面的“0”。

9.2 算法实现

改进的思路很容易就可以想到，只需要对将要显示的数据加以改造，让本该显示 0 的数据位熄灭即可。在显示模块 display 中有一段判断 BCD 码来输出的代码：

```
case(segdata)
    0: seg <= 8'b11000000;
    1: seg <= 8'b11111001;
    2: seg <= 8'b10100100;
    3: seg <= 8'b10110000;
    4: seg <= 8'b10011001;
    5: seg <= 8'b10010010;
    6: seg <= 8'b10000010;
    7: seg <= 8'b11111000;
    8: seg <= 8'b10000000;
    9: seg <= 8'b10010000;
default: seg <= 8'b11111111;
endcase
```

这段代码大家应该很熟悉了，就是将 BCD 码翻译成数码管段选的代码。因为计

算器只运算十进制数，也就是说只识别 BCD 码中 0～9 之间的数字，对其他的数字就会执行默认分支，即

```
default: seg <= 8'b11111111;
```

段选 seg 全为 1 代表什么？对，就是代表全熄灭，因为数码管是共阳极。那么事情就变得容易了，我们只需要把没用的那些“0”改为 0～9 以外的码就可以了。比如要计算结果为 123，它的 BCD 码就是 000123，我们可以改为 ddd123，这样最后显示时就会只显示 123(因为 d 会识别为熄灭)，而不显示前面的“0”。

还有一个问题，就是判断哪些“0”是没用的要进行改造的，而哪些“0”是有用的不能改造的。我们可以从左面最高位(十万位)开始判断，看它是不是“0”，然后再往右移一位判断是不是“0”，以此类推，遇到不为“0”就可以将之前的“0”改造成“d”。当然，个位就不用进行判断了，因为在计算器上，个位总是应该要亮着的。我们可以用一个状态机加 if 语句来逐个判断，也可以用 case 的变体语句 casez 和 casex 来实现。因为 casez 和 casex 大家可能还没怎么用过，所以在这里介绍一下并用它们来实现功能。

casez：出现在条件表达式和任意分支项表达式的值为 z 的位都被认为是无关位，不进行比较。

casex：出现在条件表达式和任意分支项表达式的值为 z 和 x 的位都被认为是无关位，不进行比较。

case 的语句是有优先级的，条件分支项靠前的优先级高。

大家以前在写 case 语句的时候，分支一般都是不同的，或者说是互斥的，因为 case 是一种全等比较，只有完全相同才会走这一分支。但是有了 casex 和 casez 的加入，不同的分支就可能会出现包含关系，因为 casez 会将高阻态匹配成任意，换句话说，就是在进行比较时忽略高阻态。而 casex 会将高阻态和不定态都忽略掉，所以使用这两条语句时，条件中可能会出现包含关系。此时会出现敏感表达式同时满足多个分支的情况，那么将会进入最靠前的分支，忽略后面的分支，这里我们就要利用这个优先级来实现判断的功能。

最后强调一下，网上有人说 casex 和 casez 不能综合，但实际上是可以综合的，而且我们就是要用它们来改进我们的计算器。

9.3 模块改进

下面就根据之前所提供的算法来设计这个模块。

9.3.1 去“0”模块的可综合代码

去“0”模块的可综合代码如下：

```
module invis0(clk,rst_n,datain,dataout);

    input clk,rst_n;
    input [23:0] datain;
    output reg [23:0] dataout;

    always @ (posedge clk or negedge rst_n)
    begin
        if(!rst_n)
        begin
            dataout <= 24'hddddd0;
        end
        else
        begin
            casex(datain)
            24'h00000x:
                begin
                    dataout <= {20'hddddd,datain[3:0]};
                end
            24'h0000xx:
                begin
                    dataout <= {16'hdddd,datain[7:0]};
                end
            24'h000xxx:
                begin
                    dataout <= {12'hddd,datain[11:0]};
                end
            24'h00xxxx:
                begin
                    dataout <= {8'hdd,datain[15:0]};
                end
            24'h0xxxxx:
                begin
                    dataout <= {4'hd,datain[19:0]};
                end
            24'hxxxxxx:
                begin
                    dataout <= datain;
                end
            default: dataout <= 24'hddddd0;
```

```
            endcase
        end
    end

endmodule
```

虽然后面的分支都包含前面的分支，但是由于优先级的关系，会从上到下逐个进行比较，直到满足条件。这个模块的功能就是忽略个位数，并把前面的“0”替换为“d”。

9.3.2 转到 ModelSim 仿真工具进行测试

上述代码比较简单，总体来讲核心就是一个 casex 的选择，下面为一小段测试代码：

```
`timescale 1us/1us
module invis_tb0;

    reg clk,rst_n;
    reg [23:0] datain;
    wire [23:0] dataout;

    invis0 m1(.clk(clk),.rst_n(rst_n),.datain(datain),.dataout(dataout));

    initial
    begin
        clk = 1; rst_n = 0; datain = 0;

        #101 rst_n = 1;

        #1000 datain = 24'h000001;
        #1000 datain = 24'h000020;
        #1000 datain = 24'h000300;
        #1000 datain = 24'h004000;
        #1000 datain = 24'h050000;
        #1000 datain = 24'h600000;

        #10000 $stop;
    end

    always #10 clk = ~clk;

endmodule
```

写好后保存为 invis_tb0，在 Settings 下面添加新的 testbench 文件，如图 9-1 所示。

图 9-1　新建仿真设置

添加好后通过下拉菜单选择刚刚添加进去的 testbench 文件，如图 9-2 所示。

图 9-2　修改仿真设置

设置完毕后，运行 RTL 仿真。仿真完毕后，将波形中的 datain 和 dataout 设置为 Hexadecimal，观察它们的变化情况，如图 9-3 所示。

可以看出，输入的 BCD 码中前面无效的“0”都被替换成了“d”，达到了我们想要的效果。

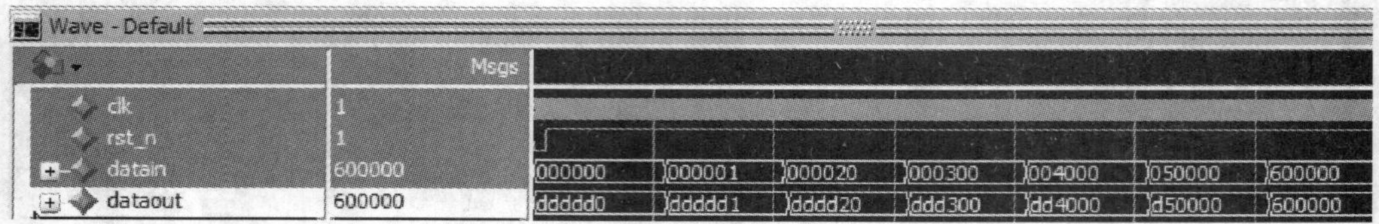

图 9-3 仿真结果

9.3.3 下载程序到开发板进行调试

仿真通过之后，再次下载程序到开发板里进行验证，看是否与预想的结果一致。

由于这个模块改变了输入到 display 中的数据，所以在 display 中也需要进行小小的修改，否则在数码管判断选择输出 A 还是 B 的时候会出错，因为之前我们通过判断 B 是否为 0 来选择输出，而现在 B 不再可能是 0 了，判断的条件变成了 bdata 是否为 24'hddddd0。修改后的显示模块如下：

```
module display4(clk, rst_n, adata, bdata, sel, seg, clk_slow);//改动 1:修改模块名

    input clk;
    input rst_n;
    input [23:0] adata,bdata;
    output reg [2:0] sel;
    output reg [7:0] seg;

    wire [23:0] data;
    reg [3:0] segdata;
    reg [15:0] cnt;
    output reg clk_slow;
//改动 2:修改判断条件
    assign data = (bdata = = 24'hddddd0) ? adata : bdata; //这里需要修改,因为 bdata
不再是 0

    always @ (posedge clk)
    begin
        if(! rst_n)
        begin
            cnt <= 0;
            clk_slow <= 1;
        end
        else
```

```
    begin
        cnt <= cnt + 1;
        clk_slow <= cnt[12];
    end
end

always @ (posedge clk_slow or negedge rst_n) //sel 扫描
begin
    if(!rst_n)
    begin
        sel <= 0;
    end
    else
    begin
        sel <= sel + 1;
        if(sel >= 5)
            sel <= 0;
    end
end

always @ ( * ) //将输入的 32 位数拆成 8 个数,每 4 位二进制表示 1 个十进制数(0～9)
begin
    if(!rst_n)
    begin
        segdata <= 0;
    end
    else
    begin
        case(sel)
            5: segdata <= data[3:0];     //个位
            4: segdata <= data[7:4];     //十位
            3: segdata <= data[11:8];    //百位
            2: segdata <= data[15:12]; //千位
            1: segdata <= data[19:16]; //万位
            0: segdata <= data[23:20]; //十万位
            default: segdata <= 0;
        endcase
    end
end

always @ ( * ) //把数字转换成 seg 对应的组合
```

```
    begin
        if(!rst_n)
        begin
            seg <= 8'hff;
        end
        else
        begin
            case(segdata)
                0: seg <= 8'b11000000;
                1: seg <= 8'b11111001;
                2: seg <= 8'b10100100;
                3: seg <= 8'b10110000;
                4: seg <= 8'b10011001;
                5: seg <= 8'b10010010;
                6: seg <= 8'b10000010;
                7: seg <= 8'b11111000;
                8: seg <= 8'b10000000;
                9: seg <= 8'b10010000;
                default: seg <= 8'b11111111;
            endcase
        end
    end

endmodule
```

加入消 0 模块之后，同样要对顶层进行修改，顶层修改后如下：

```
module calc6(clk,rst_n,seg,sel,keyin,keyscan);//改动1:修改模块名

    input clk, rst_n;
    input [3:0] keyin;

    output [3:0] keyscan;
    output [2:0] sel;
    output [7:0] seg;

    wire clk_slow;
    wire [4:0] real_number;
//改动2:加入去"0"后的连线
    wire [23:0] BCDa,BCDb,result,ainvisdata,binvisdata;     //增加两个连线
    wire [19:0] a,b,bin_data;
    wire [3:0] opcode;
```

```
//改动 3:修改显示模块的名称和连线
    display4 u1(
                .clk(clk),
                .adata(ainvisdata),      //连线改为操作数 A 去"0"后的数据 ainvisdata
                .bdata(binvisdata),      //连线改为操作数 B 去"0"后的数据 binvisdata
                .rst_n(rst_n),
                .sel(sel),
                .seg(seg),
                .clk_slow(clk_slow)
                );

    keyscan0 u2(
                .clk(clk_slow),
                .rst_n(rst_n),
                .keyscan(keyscan),
                .keyin(keyin),
                .real_number(real_number)
                );

    key2bcd2 u3(
                .clk(clk_slow),
                .real_number(real_number),
                .opcode(opcode),
                .rst_n(rst_n),
                .BCDa(BCDa),
                .BCDb(BCDb),
                .result(result)
                );

    bcd2bin1 u4(
                .BCDa(BCDa),
                .BCDb(BCDb),
                .a(a),
                .b(b)
                );

    bin2bcd1 u5(
                .clk(clk),
                .rst_n(rst_n),
                .bin(bin_data),
                .bcd(result)
                );
```

```
    alu2 u6(
            .a(a),
            .b(b),
            .clk(clk),
            .rst_n(rst_n),
            .opcode(opcode),
            .bin_data(bin_data)
            );
//改动 4:增加两个操作数的去"0"模块
    invis0 u7(           //为操作数 A 实例化一个消"0"模块
                .clk(clk_slow),
                .rst_n(rst_n),
                .datain(BCDa),
                .dataout(ainvisdata)
                );

    invis0 u8(           //为操作数 B 实例化一个消"0"模块
                .clk(clk_slow),
                .rst_n(rst_n),
                .datain(BCDb),
                .dataout(binvisdata)
                );

endmodule
```

所有模块修改完毕后，最好再进行一次仿真以保证没有改错。最后将顶层文件 calc6.v 设置成顶层模块，进行全编译，用编程器 Programmer 进行下载。

9.4 今天工作总结

程序下载完成之后，我们会看到数码管上只在个位上显示一个"0"，看起来简洁了许多。进行一些运算的测试也都可以正确显示。那么我们今天的任务就完成了。

回顾一下今天学到的内容，总结如下：

了解了 casez 和 casex 的区别与使用技巧。对仿真工具 ModelSim 和综合工具 Quartus 更加熟悉，Verilog 代码的编写、修改速度和成功率有很大提高。

明天是做计算器的最后一天了，我打算把负数也加入进去。因为在做减法运算的时候，如果被减数小于减数就会出现数据溢出，得到一个错误的数。所以明天我们要修正这个问题，引入负数的运算。

9.5 夏老师评述

工程设计是一项复杂烦琐的工作，设计师不但需要具有对用户负责的高度责任心，还需要耐心细致的工作态度和高超的技术。设计基本任务完成后，还需要反复修改才能使设计日臻完善。赵然同学为了使设计更加完美，给自己提出了更高的要求，想办法把在LED数码管上显示的BCD码左侧无用的零消隐掉。他采用了一个巧妙的方法，利用casex语句的特点编写了一个小模块invis0，并在显示模块display4中做了一个小小的修改，任何其他模块不必修改就实现了零消隐的目标。

其实，实现数码管上左侧零消隐的目标还有许多其他方法。例如根据需要显示的十进制数字位数，修改扫描LED数码管的个数也可实现同样的目标。每次需要显示前，先判断输入显示缓冲寄存器中的BCD码有几个十进制位是必须要显示的。若有不需要显示的数位，则不对相应的数码管做扫描即可。类似的方法有许多种，每种方法都有其优缺点。优秀的设计者必须认真比较各种设计方案的优劣，根据它们对已完成设计影响的大小，权衡利弊，做出正确的选择。希望同学们能通过这个设计小练习，体会设计工作的真谛。

第 10 章

第十天——负数计算

10.1 设计需求讲解

到目前为止，我设计的计算器已经能实现基本的运算功能，而且考虑了组合逻辑除法器的复杂度，对除法器的 RTL 代码做了相应的修改，使得综合后占用的逻辑资源有显著减少，唯一美中不足的就是尚不能显示负数。也就是当两个数相减，若被减数小于减数时，会出现一个很大的数，比如在做十进制运算“1－2”时，希望得到的计算结果是“－1”，而不是一个很长的数。

实际上该运算结果并没有错，只是我一直都在用无符号数做运算。无符号数做减法时，若被减数小于减数，就会产生很大的数字。例如，十进制运算“1－2”，若只用 4 位二进制数进行运算，运算结果只允许保留 4 位，则可以表示为：$(0001)_2-(0010)_2=(1111)_2$。减法运算的结果等于十进制的 15。而十进制运算：$15+2=17$，如果用 4 比特二进制数做加法，加法运算的结果应该等于 $(17)_{10}$，至少用 5bit 二进制数才能表示 $(17)_{10}$：$(1111)_2+(0010)_2=(10001)_2$，$(10001)_2$ 是十进制数 17 的 5 位二进制表示，若只允许保留 $(10001)_2$ 的后 4 位，则 $15+2$ 的加法运算结果等于 $(0001)_2=1$，这与 $-1+2=1$ 相当，可见 4 位有符号的二进制数 $(1111)_2$ 与有符号十进制 -1 是可以建立等价关系的。所以只要对有符号二进制数的位数有明确的定义，利用上述表示负数的原理，解决计算中出现负数的问题也就并不困难了。

$1-2=15$ 显然不是正确的运算结果。但是如果我们认为 $(15)_{10}$ 是一个 4bit 有符号二进制数的话，则 $(1111)_2$ 表示的就是 $(-1)_{10}$，换言之 $(1111)_2$ 是“－1”的补码表示，这就是我们想要得到的数了。

所以我要做的工作只是明确定义计算器内部参与运算数的比特位数，并告诉显示模块运算结果的绝对值是多少，以及该运算结果（BCD 码）的符号是正的还是负的就可以了，显示模块根据这两个信息，就能够正确地显示出该数的正/负号和绝对值。

10.2 二进制数表示法

计算器在运算时，若表示十进制数据值正/负和大小的符号位和数值位同时参与运算,则很有可能产生错误的运算结果;若把正/负符号问题分开考虑,又会增加运算器件的实现难度。因此,为了使计算器能够方便地对十进制数值进行各种算术逻辑运算,必须对十进制(BCD)数据进行二进制编码处理。所谓编码是采用规定位数的基本符号(如0和1),按照一定的组合原则,来表示各种复杂信息的技术。编码的优劣直接影响到计算器处理信息的速度。数值型数据的常用编码方法包括:原码、反码、补码。

三种表示方法均有符号位和数值位两部分,符号位都是用0表示"正",用1表示"负",而数值位,三种表示方法各不相同。

原码:原码表示法在数值前面增加了一位符号位(即最高位为符号位),其余位表示数值的大小。原码看起来简单直观,例如我们用4位二进制表示一个数,+1的原码为0001,−1的原码就是1001。显然,按原码的编码规则,零有两种表示形式(0000、1000)。

反码:机器数的反码可由原码得到。如果机器数是正数,则该机器数的反码与原码一样;如果机器数是负数,则该机器数的反码是对它的原码(符号位除外)的各位取反得到的。例如我们用4位二进制表示一个数,+1的反码为0001,−1的反码就是1110。显然,按反码的编码规则,零也有两种表示形式(0000、1111)。

补码:正数的补码等于原码,负数的补码等于反码末位加1。例如我们用4位二进制表示一个数,+1的补码为0001,−1的补码就是1111。显然,按补码的编码规则,零有唯一的表示形式(0000)。

补码的概念来源于数学上的"模"和补数。例如,将钟表的时针顺时针拨快5小时和逆时针拨慢7小时,最后指示的位置相同,则称5和−7互为模12情况下的补数。计算机中机器数受机器字长限制,所以是有限字长的数字系统。对于整数来说,机器字长为n位(含符号位),模是$2n$;对于有符号纯小数来说,模是2。

采用补码进行加减运算十分方便。通过对负数的编码处理,允许符号位和数值一起参与运算,可以把减法运算转化为加法运算。不论求和求差,也不论操作数为正为负,运算时一律只做加法,从而大大简化运算器的设计,加快了运算速度。所以机器系统中,数值一律用补码来表示和存储。

既然电路中使用补码的编码形式,而显示模块不认识补码,那么我们就把补码转换成原码再去显示即可,所以今天我们做的核心模块,就是补码转原码模块。

10.3 补码原码转换模块

将补码转换为原码很容易,正数的原码和补码相同,负数的原码为补码的取反加1(不考虑符号位)。再举−1的例子,电路中保存的数是1111,由于最高位(符号位)为1,表示负数,所以进行取反得到1000,再加1为1001,就是原码的−1。

加入了负数之后,计算器的左边第一个数码管将显示符号,也就是说,我们需要对数据位宽进行修改，因为我们要计算的二进制数从二十位[19:0]变成了十七位[16:0]外加一个符号位[17:0]。

10.3.1 补码转原码模块的可综合代码

补码转原码模块的可综合代码如下：

```
module comp2true0(datain,dataout);

    input [17:0] datain;
    output [17:0] dataout;

    //判断符号位,负数取反加一,正数不变

    assign dataout = datain[17] ? {1'b1,((~datain[16:0]) + 1)} : datain;

endmodule
```

10.3.2 转到 ModelSim 仿真工具进行测试

这段代码比较简单，写一些容易看出来的数测试一下：

```
`timescale 1ns/1ns
module comp2true_tb0;

    reg [17:0] datain;
    wire [17:0] dataout;

    comp2true0 u1(.datain(datain),.dataout(dataout));

    initial
    begin
        datain = 0;
        #1000 datain = 18'b00_0000_0000_0001_0000;    //16
        #1000 datain = 18'b11_1111_1111_1000_0000;    //-128
        #1000 datain = 18'b00_0000_0000_1000_0000;    //128
        #1000 datain = 18'b11_1111_1111_1111_0000;    //-16
        #1000 $stop;
    end

endmodule
```

写好后保存，分析综合一下检查是否有语法错误，通过后进行 Simulation 的设置，运行 RTL 仿真。仿真波形如图 10-1 所示。

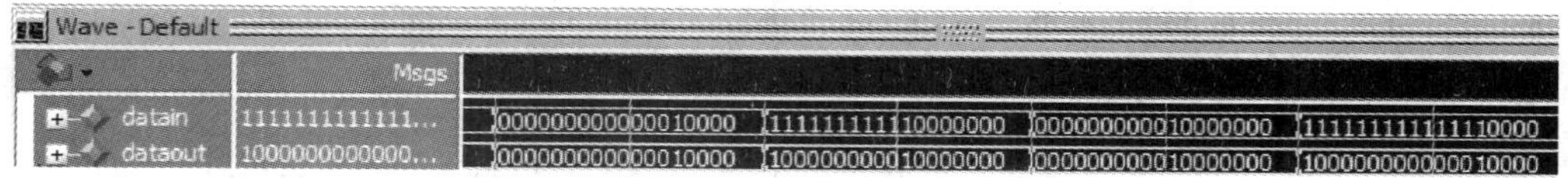

图 10－1　仿真结果 1

从仿真结果可知，正数不变，负数取反加 1 得到原码，表明程序没有问题。

10.3.3　原码转补码模块的可综合代码

原码转补码模块的可综合代码如下：

```
module true2comp0(datain,dataout);

    input [17:0] datain;
    output [17:0] dataout;

    //判断符号位，负数减 1 取反，正数不变

    assign dataout = datain[17] ? {1'b1,(~(datain[16:0] - 1))} : datain;

endmodule
```

10.3.4　转到 ModelSim 仿真工具进行测试

可以将两次转换整合到一起进行测试，先进行补码转原码，再将结果作为原码转补码的输入，来测试转换是否正确。

```
`timescale 1ns/1ns
module true2comp_tb0;

    reg [17:0] datain;
    wire [17:0] dataout,dataout1;

    comp2true0 u1(.datain(datain),.dataout(dataout));
    true2comp0 u2(.datain(dataout),.dataout(dataout1));

    initial
    begin
        datain = 0;
        #1000 datain = 18'b00_0000_0000_0001_0000;    //16
        #1000 datain = 18'b11_1111_1111_1000_0000;    //-128
        #1000 datain = 18'b00_0000_0000_1000_0000;    //128
```

```
        #1000 datain = 18'b11_1111_1111_1111_0000;     //-16
        #1000 $stop;
    end

endmodule
```

写好后保存，分析综合一下检查是否有语法错误，通过后进行 Simulation 的设置，运行 RTL 仿真。仿真波形如图 10－2 所示。

Wave - Default

	Msgs					
datain	-16	0	16	-128	128	-16
dataout1	-16	0	16	-128	128	-16
dataout	1000000000...	00000000000...	00000000000...	10000000001...	00000000001...	10000000000...

图 10－2　仿真结果 2

经过补码转原码、原码转补码两次转换，数据又变回了原样，则说明转换正确。流程和 BCD 码与二进制码之间的转换类似。

10.4　其他模块的修改

这次改动不仅仅是添加了两个模块，由于数据位宽的变化，导致要修改的模块比较多，下面逐个进行修改。每个模块修改之后都要进行测试，但由于模块较多，我这里就不一一讲解测试结果了，请大家修改后自行测试，通过后再进行下一步。

10.4.1　显示模块的修改

显示模块要进行修改的地方不仅仅是数据位宽，同时还要加入负数显示的编码，使数码管最高位作为符号位。

```
module display5(clk, rst_n, adata, bdata, sel, seg, clk_slow);//改动 1:修改模块名

    input clk;
    input rst_n;
//改动 2:修改输入线宽
    input [20:0] adata,bdata;     //线宽改为 21 位
    output reg [2:0] sel;
    output reg [7:0] seg;
//改动 3:修改输出线宽
    wire [20:0] data;           //线宽改为 21 位
    reg [3:0] segdata;
    reg [23:0] cnt;
```

```
    output reg clk_slow;
//改动 4:修改判断条件,增加首位符号位
    assign data = (bdata = = 21´h0dddd0) ? adata : bdata;
                                                    //这里需要修改,21´h0dddd0 表示 0

    always @ (posedge clk) //时钟分频
    begin
        if(! rst_n)
        begin
            cnt <= 0;
            clk_slow <= 1;
        end
        else
        begin
            cnt <= cnt + 1;
            clk_slow <= cnt[12];
        end
    end

    always @ (posedge clk_slow or negedge rst_n) //sel 扫描
    begin
        if(! rst_n)
        begin
            sel <= 0;
        end
        else
        begin
            sel <= sel + 1;
            if(sel >= 5)
                sel <= 0;
        end
    end

    always @ ( * ) //将输入的 32 位数拆成 8 个数,每 4 位二进制表示 1 个十进制数(0~9)
    begin
        if(! rst_n)
        begin
            segdata <= 0;
        end
        else
        begin
```

```
            case(sel)
                5: segdata <= data[3:0];     //个位
                4: segdata <= data[7:4];     //十位
                3: segdata <= data[11:8];  //百位
                2: segdata <= data[15:12]; //千位
                1: segdata <= data[19:16]; //万位
                0: segdata <= data[20] ? 10 : 11;
                                          //改动5:符号位,10表示负数,11表示正数
                default: segdata <= 0;
            endcase
        end
    end

    always @ ( * ) //把数字转换成seg对应的组合
    begin
        if(!rst_n)
        begin
            seg <= 8'hff;
        end
        else
        begin
            case(segdata)
                0: seg <= 8'b11000000;
                1: seg <= 8'b11111001;
                2: seg <= 8'b10100100;
                3: seg <= 8'b10110000;
                4: seg <= 8'b10011001;
                5: seg <= 8'b10010010;
                6: seg <= 8'b10000010;
                7: seg <= 8'b11111000;
                8: seg <= 8'b10000000;
                9: seg <= 8'b10010000;
                10:seg <= 8'b10111111;     //加入负号的显示编码
                default: seg <= 8'b11111111;
            endcase
        end
    end

endmodule
```

10.4.2　消“0”模块的修改

消“0”模块由于少了一位数，所以情况少了一种，符号位不用判断了，直接保留即可。

```
module invis1(clk,rst_n,datain,dataout);//改动 1:修改模块名

    input clk,rst_n;
//改动 2:修改输入输出的位宽
    input [20:0] datain;
    output reg [20:0] dataout;
//改动 3:修改 always 块中的位宽,以及判断条件
    always @ (posedge clk or negedge rst_n)
    begin
        if(! rst_n)
        begin
            dataout <= 21'h0dddd0;
        end
        else
        begin
            casex(datain[19:0])
            20'h0000x:
                begin
                    dataout <= {datain[20],16'hdddd,datain[3:0]};
                end
            20'h000xx:
                begin
                    dataout <= {datain[20],12'hddd,datain[7:0]};
                end
            20'h00xxx:
                begin
                    dataout <= {datain[20],8'hdd,datain[11:0]};
                end
            20'h0xxxx:
                begin
                    dataout <= {datain[20],4'hd,datain[15:0]};
                end
            20'hxxxxx:
                begin
                    dataout <= datain;
                end
```

```
                default: dataout <= 21'h0dddd0;
                endcase
            end
        end

endmodule
```

10.4.3 BCD码和二进制码转换模块的修改

二进制码转 BCD 码的移位代码,由以前的移 20 次改为移 17 次(忽略符号位),只得到绝对值的 BCD 码,最后将符号位与绝对值拼起来,得到原码的 BCD 码。

```
module bin2bcd2(clk,rst_n,bin,bcd);//改动1:修改模块名

    input clk,rst_n;
//改动2:修改输入位宽
    input [17:0] bin;
    output reg [20:0] bcd;
//改动3:修改寄存器位宽
    reg [17:0] regdata,regdata1;
    reg [3:0] w1,w2,w3,w4,w5;      //w1~w5 分别表示 BCD 码的个位~万位
    reg [1:0] state;
    reg [4:0] q;
//改动4:修改 always 段中的位宽
    always @ (posedge clk or negedge rst_n)
    begin
        if(!rst_n)      //复位时清空所有寄存器
        begin
            state <= 0;
            bcd <= 0;
            regdata <= 0;
            regdata1 <= 0;
            w1 <= 0;
            w2 <= 0;
            w3 <= 0;
            w4 <= 0;
            w5 <= 0;
            q <= 0;
        end
        else
        case(state)
```

```
0:      //初始状态,给寄存器赋初始值
    begin
        regdata <= bin;
        regdata1 <= bin;
        state <= 1;
        w1 <= 0;
        w2 <= 0;
        w3 <= 0;
        w4 <= 0;
        w5 <= 0;
        q <= 0;
    end

1:      //移位状态,每移位 1 次计数器 q 值加 1
    begin
        q <= q + 1;
        regdata[16:0] <= (regdata[16:0] << 1);
        w1 <= {w1[2:0],regdata[16]};
        w2 <= {w2[2:0],w1[3]};
        w3 <= {w3[2:0],w2[3]};
        w4 <= {w4[2:0],w3[3]};
        w5 <= {w5[2:0],w4[3]};
        if(q == 16)      //因为是 17 位二进制码转 BCD 码,所以移位 17 次即可
        begin
            state <= 3;      //转换完成后跳至状态 3 输出结果并等待
        end
        else
            state <= 2;      //未完成则跳至状态 2 判断每一位是否大于等于 5
    end

2:      //判断每一位是否大于等于 5,是则自加 3,并跳回状态 1 进行下一次移位
    begin
        state <= 1;
        if(w1 >= 5)
            w1 <= w1 + 3;
        else
            w1 <= w1;
        if(w2 >= 5)
            w2 <= w2 + 3;
        else
```

```
                w2 <= w2;
            if(w3 >= 5)
                w3 <= w3 + 3;
            else
                w3 <= w3;
            if(w4 >= 5)
                w4 <= w4 + 3;
            else
                w4 <= w4;
            if(w5 >= 5)
                w5 <= w5 + 3;
            else
                w5 <= w5;
        end

    3:     //完成状态,输出转换完成的 BCD 码并等待输入的变化
        begin
            bcd <= {regdata[17],w5,w4,w3,w2,w1};//将符号位、个位~万位拼起来
            if(regdata1 != bin)      //regdata1 不等于 bin 说明输入发生变化
                state <= 0;     //跳回初始状态,以进行下一次转换
            else
                state <= 3;     //输入没变化则停留在此状态等待
        end
      endcase
    end

endmodule
```

BCD 转二进制的模块,需要修改位宽,去掉十万位并保留符号位即可。

```
module bcd2bin2(BCDa,BCDb,a,b);//改动 1:修改模块名
//改动 2:修改输入输出的位宽
    input [20:0] BCDa,BCDb;
    output [17:0] a,b;
//改动 3:保留符号位,其余位进行转换
    assign a[16:0] = BCDa[19:16] * 10000 + BCDa[15:12] * 1000 + BCDa[11:8] * 100 +
BCDa[7:4] * 10 + BCDa[3:0];

    assign a[17] = BCDa[20];

    assign b[16:0] = {BCDb[20] , BCDb[19:16] * 10000 + BCDb[15:12] * 1000 + BCDb[11:
8] * 100 + BCDb[7:4] * 10 + BCDb[3:0]};
```

```
    assign b[17] = BCDb[20];

endmodule
```

10.4.4 计算模块的修改

在计算模块中，四则运算都是以补码进行计算的，但是由于我们把除法进行了修改，通过比较大小进行连续的减法实现，用补码反而不方便计算，这时候我们希望继续用原码进行除法计算，因为原码中忽略符号位就是该数的绝对值，可以继续用减法实现，所以我们将补码与原码的转换整合进计算模块里，这样方便计算模块同时调用原码和补码。

```
module alu3(a,b,clk,rst_n,opcode,result);//改动1:修改模块名与端口名
//改动2:修改输入的位宽
    input [17:0] a,b;
    input clk;
    input rst_n;
    input [3:0] opcode;
//改动3:修改输出的位宽
    output [17:0] result;
//改动4:添加用于源码补码转换的变量
    wire [17:0] a_comp,b_comp;
    reg [17:0] bin_data;

    reg [16:0] q,areg,breg;
    reg state;

//改动5:加入原码转补码
    assign a_comp = a[17] ? {1'b1,((~a[16:0]) + 1'b1)} : a;
    assign b_comp = b[17] ? {1'b1,((~b[16:0]) + 1'b1)} : b;

//改动6:加入补码转原码
    assign result = bin_data[17] ? {1'b1,((~bin_data[16:0]) + 1'b1)} : bin_data;
//改动7:修改always段中的变量
    always @ (posedge clk or negedge rst_n)
    begin
        if(!rst_n)    //复位时将所有寄存器赋初值
        begin
            bin_data <= 0;
            state <= 0;
            areg <= 0;
```

```
            breg <= 0;
            q <= 0;
        end
        else
        begin
            case(opcode)
                10: begin bin_data <= a_comp + b_comp; end
                11: begin bin_data <= a_comp - b_comp; end
                12: begin bin_data <= a_comp * b_comp; end
                13: //除法用原码计算
                    begin
                        case(state)
                        0:    //初始状态
                            begin
                                areg <= a[16:0];
                                breg <= b[16:0];
                                state <= 1;
                                q <= 0;
                            end
                        1:    //判断寄存器值是否大于被除数
                            begin
                                if(areg >= breg)
                                    begin
                                        areg <= areg - breg;
                                        state <= 1;
                                        q <= q + 1'b1;
                                    end
                                else
                                begin
                                    state <= 0;
                                    bin_data <= a[17]^b[17] ? {1'b1,~(q - 1'b1)}
                                                : {1'b0,q};
                                end
                            end
                        default: bin_data <= bin_data;
                        endcase
                    end
                default: bin_data <= bin_data;
```

```
            endcase
        end
    end

endmodule
```

10.4.5　按键状态机模块的修改

状态机模块将位宽稍作修改即可。不过既然加入了负数运算，并且矩阵键盘中的最后一个按键还没有使用，我打算在这里将其利用起来，作为正负（+/-）切换功能的按键，由于此时数据为原码的 BCD 码，所以切换只需要修改符号位。在每一个状态中加入对按键 15 的响应，使符号位取反：

```
module key2bcd3 (clk,
                rst_n,
                real_number,
                opcode,
                BCDa,
                BCDb,
                result );   //改动 1:修改模块名

    input [4:0] real_number;
    input rst_n,clk;
    input [20:0] result;

    output reg [20:0] BCDa,BCDb;
    output reg [3:0] opcode;

    reg [3:0] opcode_reg;
    reg [3:0] state;
    reg datacoming_state,datacoming_flag;


    always @(posedge clk)
    if (! rst_n)
    begin
        datacoming_state <= 0;
        datacoming_flag <= 0;
    end
    else
      if (real_number! = 17)
      case(datacoming_state)
```

```
    0: begin
            datacoming_flag <= 1;
            datacoming_state <= 1;
   end
    1: begin
            datacoming_flag   <= 0;
            datacoming_state <= 1;
      end
    endcase
    else
    begin
        datacoming_state <= 0;
        datacoming_flag <= 0;
    end
//改动 2:状态机修改,加入正负数切换按键
  always @ (posedge clk or negedge rst_n)
  begin
    if(!rst_n)
    begin
        BCDa <= 0;
        BCDb <= 0;
        state <= 0;
        opcode <= 0;
    end
    else
    if(datacoming_flag)
    begin
        case(state)
            0:    case(real_number)
                0,1,2,3,4,5,6,7,8,9:
                begin
                    BCDa[19:0] <= {BCDa[15:0],real_number[3:0]};
                    state <= 0;
                end
                10,11,12,13:
                begin
                    opcode_reg <= real_number[3:0];
                    state <= 1;
                end
                15:     //符号位取反
                begin
```

```
            state <= 0;
            BCDa[20] = ~BCDa[20];
        end
        default:state <= 0;
        endcase

    1:    case(real_number)
        0,1,2,3,4,5,6,7,8,9:
        begin
            opcode <= opcode_reg;
            BCDb[19:0] <= {BCDb[15:0],real_number[3:0]};
            state <= 1;
        end
        10,11,12,13:
        if(BCDb! = 0)
        begin
            opcode_reg <= real_number[3:0];
            state <= 3;
            BCDb <= 0;
            BCDa <= result;
        end
        else
        begin
            state <= 1;
            opcode_reg <= real_number[3:0];
        end
        14:
        begin
            BCDa <= result;
            BCDb <= 0;
            state <= 2;
        end
        15:    //符号位取反
        begin
            state <= 1;
            BCDb[20] = ~BCDb[20];
        end
        default:state <= 1;
        endcase

    2: case(real_number)
```

```
        0,1,2,3,4,5,6,7,8,9:
        begin
            BCDa <= real_number;
            BCDb <= 0;
            state <= 0;
        end
        10,11,12,13:
        begin
            opcode_reg <= real_number[3:0];
            state <= 1;
        end
        15:     //符号位取反
        begin
            state <= 2;
            BCDa[20] = ~BCDa[20];
        end
        default:state <= 2;
        endcase

    3: case(real_number)
        0,1,2,3,4,5,6,7,8,9:
        begin
            BCDb <= real_number;
            state <= 1;
            opcode <= opcode_reg;
        end
        10,11,12,13:
        begin
            opcode_reg <= real_number[3:0];
            state <= 3;
        end
        15:     //符号位取反
        begin
            state <= 3;
            BCDb[20] = ~BCDa[20];
        end
        default:state <= 3;
        endcase

    default : state <= 0;
```

```
            endcase
        end
    end

endmodule
```

10.4.6　顶层模块的修改

顶层模块主要修改连线的位宽、模块名和端口名。

```
module calc7(clk,rst_n,seg,sel,keyin,keyscan);//改动 1:修改模块名


    input clk, rst_n;
    input [3:0] keyin;

    output [3:0] keyscan;
    output [2:0] sel;
    output [7:0] seg;

    wire clk_slow;
    wire [4:0] real_number;
    wire [20:0] BCDa,BCDb,result,ainvisdata,binvisdata;
    wire [17:0] a,b,bin_data;
    wire [3:0] opcode;

//改动 2:更新以下各个实例化的模块名
    display5 u1(
                .clk(clk),
                .adata(ainvisdata),
                .bdata(binvisdata),
                .rst_n(rst_n),
                .sel(sel),
                .seg(seg),
                .clk_slow(clk_slow)
                );


    keyscan0 u2(
                .clk(clk_slow),
                .rst_n(rst_n),
                .keyscan(keyscan),
                .keyin(keyin),
                .real_number(real_number)
```

```
                );

    key2bcd3 u3(
                .clk(clk_slow),
                .real_number(real_number),
                .opcode(opcode),
                .rst_n(rst_n),
                .BCDa(BCDa),
                .BCDb(BCDb),
                .result(result)
                );

    bcd2bin2 u4(
                .BCDa(BCDa),
                .BCDb(BCDb),
                .a(a),
                .b(b)
                );

    bin2bcd2 u5(
                .clk(clk),
                .rst_n(rst_n),
                .bin(bin_data),
                .bcd(result)
                );

    alu3 u6(
            .a(a),
            .b(b),
            .clk(clk),
            .rst_n(rst_n),
            .opcode(opcode),
            .result(bin_data)
            );                          //注意这里端口名的改变

    invis1 u7(
                .clk(clk_slow),
                .rst_n(rst_n),
                .datain(BCDa),
                .dataout(ainvisdata)
                );
```

```
    invis1 u8(
                .clk(clk_slow),
                .rst_n(rst_n),
                .datain(BCDb),
                .dataout(binvisdata)
                );

endmodule
```

10.5　下载程序到开发板进行调试

所有仿真通过之后，将 calc 设置为顶层，下载到开发板里进行验证。

尝试一下负数的计算吧，将正负切换按键穿插进其他运算中，输入－2 乘以－3、－22 除以 2、1 减 2 减 3 等，把所有能想到的正负之间的运算、连续运算、小减大这些情况都测试一遍，如果没有问题，那么恭喜你，计算器的设计就完成了。

10.6　今天工作总结

回顾一下今天学到的内容，总结如下：

1) 二进制数编码原理和应用：理解了二进制数的原码、反码和补码之间的关系和转换方法。

2) 理解了二进制数算术运算的基础知识，掌握了利用补码处理带正/负符号的二进制数字，并且学会在数字系统中如何利用带正/负符号的二进制数，实现带正/负符号的十进制数的算术运算，并正确地显示符号和数值。

3) 进一步熟悉了 ModelSim 仿真工具和 Quartus 综合工具的使用；代码修改调试，模块综合工作中查错能力有显著提高。

今天是第十天，计算器设计的最后一天，也是夏老师进行检查评比的一天。我的计算器得到了夏老师的好评，并获得了“最佳计算奖”（只是口头奖励而已）。别人的夸奖不是最重要的，最重要的是自己取得了进步。这 10 天虽然不长，但确实每天都在努力，每天都有进步，最后取得的成绩也是对每一天付出的回报，这才是最值得高兴的。

当然我做的也不是最好的，所以希望大家可以在此基础上做得更好，因为今天并不意味着计算器设计的结束。最后希望大家通过此次设计能够确确实实学到一些东西，对 FPGA 设计有初步的了解。不要一味地看书，而是要多动手，纸上得来终觉浅，绝知此事要躬行。

10.7 夏老师评述

赵然同学已跨入了合格数字设计师的门槛，因为他设计的小计算器已经达到课程预期的要求，可以完成多个4位以内十进制数连续加减乘除的四则运算，能根据键入的4位以内的十进制数字，稳定可靠地显示出每次运算的正确计算结果。从赵然同学完成的工作和设计日记的记录中，可以看出他是一个学习努力、理解力强、肯动脑筋、不怕困难、能主动与老师同学交流的优秀学生。他从老师提供的样板程序片段中得到启发，参考有关技术资料，理解其核心思想，自己想办法，动手编写代码，解决问题，遇到难点能主动与老师沟通，在老师的启发和鼓励下，勇敢探索，在设计实践中不断提高自己的工作能力，增强自信心。

由于时间有限，他设计的小计算器并非完美无缺，还有继续完善和改进的很大余地。我之所以鼓励他把这个并非完美的小设计过程编写成日记，提供分阶段的代码，出版，介绍给同学们，目的有三个：1)展示数字系统设计师成长的过程，帮助同学们了解学习数字系统设计的过程和方法。2)告诉那些想进入数字系统设计领域的同学们，数字系统设计师面对的是一项需要毅力、艰苦而有趣的工作。3)认真阅读本书，参考赵然日记中记录的步骤和代码，自己动手，按照自己的设想，设计一个具有自己特色的计算器是学习FPGA数字系统设计的最好途径。

很多同学可能会问我：哪种类型的年轻人，能成长为优秀的数字系统设计师？我的回答是：**他必须对自己从事的事业饶有兴趣，满怀热情，有创新和追求完美的强烈冲动，绝不敷衍了事。**数字系统设计通常需要经过多次修改，才能日臻完善。技术上的点滴进步，所设计系统的逐步完善，向设计目标慢慢靠拢，都能给他带来无限美好的享受和感觉；而且他必须有团队精神、善沟通、有毅力、敢于探索、不怕困难、终生学习，在努力奋斗中找到人生的乐趣。

中国制造的升级换代，离不开数字系统设计。可以这样说，没有第一流的数字系统设计师，中国制造的高级工业设备和先进的国防武器永远也不可能成为世界第一流的产品。集成电路芯片设计技术领域的落后是中国高级工业产品落后于美国等先进国家的根本原因之一。作为一名在数字系统设计领域工作一生的老教师和老工程师，我热烈欢迎有志改变现状的中国青年学生投身到实业强国的伟大事业中，为中华民族的崛起，也为自己美好的未来而努力学习。

本书介绍的小计算器设计实验是专为FPGA设计就业班学生准备的，是课堂上必须完成的几个基础课程设计中的第一个。安排本设计的目的是让学生熟悉Verilog语法，掌握仿真工具和综合工具的使用，通过设计实践，理解硬件的基本构成，建立LED数码扫描显示、扫描键盘分析、数制转换、状态机、算术逻辑单元等硬件部件的基本概念，学习实现方法。这个小计算器的设计代码，综合后可以下载到FPGA开发板上，变成真实的计算器，完成设计要求的计算功能。这一在课堂上完成的设计过程，能显著提高学生学习FPGA设计的兴趣，增加学习的主动性，加深对许多抽象概念的理解。

多年教育实践证明，这一课程设计对学生掌握Verilog设计方法，熟悉仿真综合工具，理解硬件设计思路十分重要，是进入数字设计殿堂的第一个台阶。

本书中赵然同学记录了自己十天的设计过程，这一过程只是从我执教的FPGA设计就业培训班毕业的三百多名学生的设计中随机选取的一个设计案例，绝对不是标准答案。购买本书的读者可以先照样模仿，在逐步理解的基础上大胆改造，甚至推倒重新编写，增加计算器的功能，通过自学自练不断提高自己的设计能力。

参考文献

1. 夏宇闻. Verilog 数字系统设计教程[M]. 北京:北京航空航天大学出版社, 2008.

2. Altera FPGA/CPLD 设计: 基础篇[M]. 北京:人民邮电出版社, 2005.

3. 吴厚航. 深入浅出玩转 FPGA[M]. 北京:北京航空航天大学出版社,2010.